NUEVAS LEYES DE L[AS MINAS] DE ESPAÑA: 1625 EDICION DE JUAN DE OÑATE

NEW LAWS OF THE MINES OF SPAIN: 1625 EDITION OF JUAN DE OÑATE

Trasladado y Arreglado por (edited by) Homer E. Milford, Richard Flint, Shirley Cushing Flint y Geraldine Vigil

con tratado de re Metalica de Juan de Oñate

SUNSTONE PRESS

RECONOCIMINETOS / ACKNOWLEDGMENTS

Agradecemos el apoyo de las siguientes personas e instituciones:

Biblioteca Nacional de Madrid, España; División de Minería y Minerales del Departamento de EMNR del Estado de Nuevo México; a la Oficina de Minería de Superficie, Regulación y Compulsión del Departamento del Interior de Estados Unidos. Rina Ortiz Peralta e Inés Herrera Canales de la Dirección de Estudíos Históricos del INAH, México; Charles Beatty, Sandra Maes, Noel Kirshenbaum, Lloyd Moiola, Roberto Evetts y Daniel Martínez.

La publicación contó con el apoyo financiero del Abandoned Mine Land Bureau, Mining and Minerals Division con fondos provenientes de los impuestos de la industria del carbón de la Office of Surface Mining, Reclamation and Enforcement (OSM) of the U.S. Department of Interior. Esta publicación no necesariamente refleja los puntos de vista del OSM.

El diseño que ilustra la cubierta posterior de esta nueva edición corresponde exactamente a la mitad del original.

Primera edición

Library of Congress Cataloging in Publication Data:
Spain.
    Nuevas leyes de las minas de España: 1625 edición de Juan de Oñate/trasladado y arreglado por Homer E. Milford . . . [et al.]=New laws of the mines of Spain: 1625 edition of Juan de Oñate/ edited by Homer E. Milford . . . [et al.]. Tratado de re metalica de Juan de Oñate.

    p. cm.
    ISBN: 0-86534-291-1
    1. Mining law—Spain. I. Milford, Homer E. II. Tratado de re metalica de Juan de Oñate.
III. Title. IV. Title: New laws of the mines of Spain. V. Title: Tratado de re metalica de Juan de Oñate.
KKT3344. A28   1999
343. 46' 077—dc21   99-13096
                                CIP

Produced by Sunstone Press/Post Office Box 2321
Santa Fe, New Mexico 87505/505-988-4418

INDICE / CONTENTS

La transcripción se ha hecho con arreglo a las siguientes normas: las letras cursivas indican que se han desatado las abreviaturas o letras adicionales, de acuerdo al uso actual; {} indican escolios marginales del original; las letras "v", "b" "y" 'u" se han transcrito por v según las normas actuales.

Facultad de Minas, Universidad de Guanajuato/
School of Mines, University of Guanajuato
10 al 13 de noviembre de 1998

NEW LAWS OF THE MINES OF SPAIN:
1625 EDITION OF JUAN DE OÑATE

INTRODUCTION

This book was published to commemorate the IV International Mining History Congress at the Facultad de Minas, Universidad de Guanajuato, November 10 to 13, 1998 as a result of the encouragement of Rina Ortíz Peralta and Inés Herrera Canales of the Dirección de Estudios Históricos, Instituto Nacional de Antropología e Historia (INAH), México. It provides for the first time in modern Spanish the 1584 Mining Laws of Spain in their original format. The 1584 mining code is referred to as the "Ordenanzas del Nuevo Cuaderno" or laws of the "New Code" as opposed to the "Ordenanzas del Antiguo Cuaderno" or laws of the "Old Code" which are all the mining laws adopted in Spain and the provinces of the New World prior to 1584.

The 1625 reprinting of the 1584 laws and ordinances for mines published here was written under the direction of Juan de Oñate. Juan de Oñate was one of the earliest writers on metallurgy and mining in the New World. He was the first person to write on these subjects who lived in what today is the United States. It is hoped that this book will help promote recognition of Juan de Oñate's contributions to mining history, and stimulate further research to locate additional works by Oñate in the archives of Mexico and Spain.

The Mining Laws

The new code was published in Spain in 1584, but did not immediatlely replace the old codes in the New World. In Peru the mining code produced by Viceroy Francisco de Toledo in 1574 was approved by King Phillip II in 1589 and was the mining law of Peru until replaced by the 1783 code in 1785-86. Thus the 1584 code was never in effect in Peru. New Spain continued to use the 1550 Mendoza and other old codes until the early 17th Century. The exact date when the new code finally replaced the old code in New Spain has not been resolved,[1] but must have been after Philip III's order to the Audiencia of Mexico on November 26, 1602. King Philip ordered a detailed report from the Audiencia on what ordinances were followed in each province of New Spain that differed

---

[1] Arthur S. Aiton, "Ordenanas hechas por el Sr. Visrrey don Antonio de Mendoza sobre Las Minas de la Nueva España Año de M. D. L.", *Revista de Historia de América*, No. 14, pp. 73-95, June 1942, Instituto Panamericano de Geografía e Historia, México, pp. 79-80; Carlos Prieto, *Mining in the New World*, McGraw-Hill Book Company, New York, 1973, p. 89.

from the 1584 code and why they were used. This 1625 printing contains a reference to a 1607 law (cédula) that may be the order requiring the replacement of the old codes by the new code in New Spain. The various pre-1584 Spanish and New World provincial Laws (Ordenanzas del Viejo Cuaderno) remained in effect where they did not conflict with the 1584 Laws (Ordenanzas del Nuevo Cuaderno). All the laws of Spain were combined together in one publication in 1640, *Recopilación de leyes de estos reynos (de Castilla)*, and the laws applying to the New World were combined together in one publication in 1680, *Recopilación de leyes de los reynos de las Indias*. These volumes and their various reprintings contain portions of the old codes and the new code with minor variations. The old and new laws as they appear in the various recapitulations were the only form of these mining laws generally available.

The most famous effort to trace the development of Spanish mining laws and discuss possible improvements is the work of the Mexican attorney Francisco Xavier de Gamboa. His book *Commentarios a las Ordenanzas de Minas* (Commentaries on the Mining Laws) was published in 1761 and corresponded with the first major decline in silver production since 1690 in New Spain.[2] The 25% decline of tax revenue from silver production between 1759 and 1764 produced a relatively quick response from the government. José de Gálvez, Visitor-General in New Spain started the process of writing a new mining code using Gamboa's commentaries as a guide.[3] This new code was approved by Charles III on May 26, 1783 and is generally referred to as the *Ordenanzas de Minería* which took effect in New Spain in January, 1784. Though replaced earlier in other countries following their independence, it was not replaced by new mining laws in Mexico until 1884.

The First Territorial Assembly of New Mexico passed a joint resolution to the United States Congress "... that the laws of Mexico on the subject of mines and

---

[2] Alexander von Humboldt, English translation by John Black, *Political Essay on the Kingdom of New Spain*, Longman, Hurst, Rees, Orme & Brown, London, 1811 of *Essai politique sur le Royaume de la Nouvelle Espagne*, F. Schoell, Paris, 1811, vol. III, Book IV, Ch. XI; [Alejandro de Humboldt], *Ensayo político sobre el reino de la Nueva España*, edición de Juan A. Ortega y Medina, Editorial Porrúa, México, 1966; Miguel León-Portilla, Jorge Gurría Lacroix, Roberto Moreno, Enrique Madero Bracho, *La Minería en México*, Universidad Nacional Autónoma de México, Ciudad Universitaria, 1978, p.109.

[3] John C. Lacy, "Going with the Current: The Genesis of the Mineral Laws of the United States", Chapter 10, *Proceedings of the Forty-First Annual Rocky Mountain Mineral Law Institute*, Rocky Mountain Mineral Law Foundation, Denver, 1995, p.10-29; León-Portilla, et. al., op. cit., p. 97-.

mining be declared and perpetuated." This resolution was approved on July 7, 1851 and thus proposed the adoption of the 1783 code as the mining law of the United States. This was the first mining law proposed in the United States by a state or territory. Only local regulations adopted by individual mining districts preceded it. Congressman, Thomas Hart Benton and others proposed adopting the 1783 code as the mining law of the United States. However, no National mining law was adopted until 1866 and an expanded law was enacted in 1872 which is still in effect with minor changes. These laws, in most respects, follow the principals of the 1783 ordinances but do not refer to them. The United States and Spanish mining laws allow all local or provincial mining laws not in conflict to remain in force.

Juan de Oñate states that 5,000 mines had been registered by 1625. He did not say if this number included Spain as well as the New World, but this number may have come from the records of the office of *escribano mayor de minas y registros* that Charles V ordered to be created on May 4, 1534 to keep records of all mining claims filed with provincial officials.[4] Oñate's role in this 1625 printing came to my attention in an article by Beerman[5] on the last five years of Oñate's life. The 1625 printing of the 1584 mining laws are believed to be the second and last separate printing of the 1584 code. It indicated that a new printing was needed because copies of the 1584 printing were difficult to find and also that some errors in the first printing needed to be corrected.

The 1584 code in its original format is not as important an addition to the literature as Aiton's 1942 transcription into modern Spanish of the Mendoza 1550 Code. The 1625 edition does provide a few insights into the period and gives the ordinance summaries or titles not in the recapitulations. The 1584 and 1625 printings have probably always been scarce and even Gamboa[6] used a recapitulation version for his great study. The 1642 recapitulation copy Gamboa used differs in punctuation and capitalization, but except in ordinances one and eighty-four there are few changes in wording. Only two copies of this 1625 printing of the "Nuevo Cuaderno" were located, both in the Biblioteca Nacional[7]

---

[4] J. Lloyd Mecham, "The Real de Minas as a Political Institution", *The Hispanic American Historical Review*, 7:1, pp. 45-83, Feb. 1927, p. 59 from Recopilación de Indias, 8:5:3.

[5] Eric Beerman, "The Death of an Old Conquistador: New Light on Juan de Oñate", *New Mexico Historical Review* (NMHR), 54:4, pp. 305-319, 1979.

[6] Francisco Xavier de Gamboa, *Comentarios a las Ordenanzas de Minas*, Madrid, 1761, (Edición facsimilar), Miguel Ángel Porrúa, librero-editor, México, 1987, p. 2 Capítulo Primero.

[7] Numbers 3/23585 and VE183/41 in Salon Cervantes.

in Madrid, Spain, and Beerman[8] references another copy in Archivo Histórico Nacional in Madrid.

Metallurgy

The other document included at the end of this book is the "Tratado de re Metálica de Juan de Oñate" edited by Miguel Zerón Zapata [9] which is out of print. In his prologue, Father Mariano Cuevas, S. J., attributed this anonymous essay to the 17th century. Its author must have written it after 1675 because it contains items from Alvaro Alonso Barba. Barba's first edition of *Arte de los Metales* in 1640 was banned by the Inquisition.[10] It was probably banned because it was considered to contain technical secrets that should be kept from foreigners. Only three copies of the 1540 edition are known to exist, and they are in the British Library. Barba's book was not available in the New World until after a second Spanish Edition in 1675. The second edition was probably allowed because two English editions (1670, 1674) and one Italian edition (1675) gave the information to foreigners. Thus, the anonymous essay probably is post 1675 and must be based on Juan de Oñate's writings on metallurgy from at least fifty years earlier. Carlos Prieto's book *La minería en el Nuevo Mundo*[11] was translated into English and expanded as *Mining in the New World*.[12] Prieto listed the treatise in his bibliography, part B: New World Techniques: Oñate, Juan de, *Tratado...de re metálica*, but did not mention Juan de Oñate in his text.

The invention of what we call the Patio Process in New Spain by Bartolomé de Medina in 1554, revolutionized ore beneficiation; however the importance of this invention was not recognized in Europe. It was dramatically more efficient than smelting for low grade ores and was the basis for the refining of the majority of the world's silver production prior to 1900. This refining process dramatically increased the profitability of mining of the unoxidized ores such as sulfides found in the deeper levels of mines. Although Medina's invention was well established in North America by 1560 and in South America by 1580, and incorporated into

---

[8] Beerman, op. cit., note 10, p. 317.

[9] Miguel Zerón Zapata, ed.,"Tratado de re Metálica de Juan de Oñate", *La Puebla de los Angeles en el siglo XVII*, Editorial Patria S.A., México D.F., 1945, pp. 229-247.

[10] Ross E. Douglass and E. P. Mathewson, *El Arte de los metales (Metallurgy)*, John Wiley & Sons, Inc., New York, 1922, pp. iii-iv; Prieto, 1973, op. cit., p. 185.

[11] Prieto, Carlos, *La minería en el Nuevo Mundo*, Revista de Occidente, Madrid, 1968.

[12] Prieto, 1973, op. cit.

the 1584 mining ordinances, Juan de Oñate was probably the process's first major proponent in Europe.

The Life of Juan de Oñate

Juan de Oñate was the first and probably the only Spaniard born in America to be chief mine inspector for Spain. 1998 was the four-hundredth anniversary (cuarto centenario) of Juan de Onate's founding of the Kingdom of New Mexico and a great deal of work has been published on this part of his life. However, his colonization of New Mexico represents only a decade and a half of a life that was devoted primarily to mining. For most of his life he was a practical miner, careful observer of metallurgical technology and a writer on these subjects.

In the history of mining and metallurgy in the New World Juan de Oñate has received little attention outside of the state of Zacatecas. His father, Cristóbal de Oñate (the elder) is more famous as one of the founders of the cities of Guadalajara and Zacatecas as well as one of the four miners (Juan de Tolosa, Cristóbal de Oñate, Francisco de Ibarra, Baltasar de Bañuelos) to open up mining in Zacatecas in 1548. Juan de Oñate was born there in 1549 or 1550[13] and

---

[13] The dates of 1552 or 1554 are so widely accepted for the birth date of Juan de Oñate that most authors give them without a reference. They are incorrect. The 1552 date seems to come from Lansing B. Bloom's interpretation of the phrase "de un solo veientre con Don Cristobal." ("New Notes from Seville", NMHR, v.14, 1939, p.118). Don Cristobal's age was given as 26 in this 1578 *pobranza* and Bloom assumed that the phrase meant that Juan was Cristobal's twin and therefore Juan was also born in 1552. What the witness meant was that they had the same mother, "of the same womb," a phrase also used in archaic English. Bloom earlier in summarizing testimonials written in 1622 wrote that one of them (probably April 6, 1622) stated that Juan was "more than seventy-three years of age." ("OÑATE'S EXONERATION," NMHR, v. 12, n.2, 1937, p. 177). Other contemporary references placing Juan's birth between September 1549 and October 1550 are Beerman (op. cit., 309, 312) and the testimony of Licenciado Muztia de la Llana (Donald T. Garate, "Juan de Oñate's *Prueba de Caballero*, 1625: A Look at His Ancestral Heritage," *Colonial Latin American Historical Review*, v.7, no.2, 1998, p. 162). Juan de Oñate wrote to King Felipe IV on September 7, 1623 that he was over 73 years old (Oñate to King, Madrid, Sept. 7, 1623, Pellicer, Ms. XXII, ff. 192-193, Real Academia de Historia, Madrid, in Beerman, op. cit., p.306, note 7). Thus Juan de Oñate wrote that he was born in the 12 months preceding September 7, 1550.

worked in the family silver mines and mills. The four founders of Zacatecas and many other miners became very wealthy by the early 1560s using Medina's new salt-amalgamation process. Juan de Oñate married Isabel de Tolosa y Cortés Moctezuma, the granddaughter of Hernán Cortés and great-granddaughter of the Aztec emperor Montezuma. They had two children: Cristóbal and María, who married Vicente de Zaldívar.

Juan de Oñate's public or governmental career started with his appointment on August 27, 1592 by Viceroy Luis de Velasco as alcalde mayor of the "Provincia de Mesquitique Potosí."[14] Fray Francisco Franco was in charge of the mission in this area and had supervised the settlement of about one hundred families of Tlaxcalan Indians in the area in 1591 under a special agreement with Viceroy Velasco.[15] Some of these Tlaxcalans had been settled in a village five leagues from the mission at a site that would become San Luís. Apparently some of the Tlaxcalans had mining experience and told Father Franco that there were rich ore deposits near their settlement and he told the military commander (justica mayor) of the area, Miguel Caldera "who immediately (March 4, 1592) sent his son-in-law, Juan de La Torre, and some soldiers to prospect the hills."[16] The Tlaxcalans showed them the silver veins,[17] for in only three days time they staked claims, returned to the mission and registered the claims, and returned on March 7th with Caldera. The best site for a town was the location of the Tlaxcalan community and Caldera moved them about a mile (quarter league) to the north and the local Chichimecos to the west. Caldera's action was probably a violation of Viceroy Velasco's 1591 contract with the Tlaxcalans which Velasco negotiated with them in exchange for their moving to the frontier.[18] That contract guaranteed title to the villages they settled and prohibited Spanish purchase of lots (solares) in Tlaxcalan settlements or land grants (ganado major) near their villages and gave them other special rights. The fame of the new silver discovery spread rapidly and Viceroy Velasco created a Mining District (real de minas)

---

[14] Mecham, op. cit., p. 69 from Francisco Peña, *Estudio histórico sobre San Luís Potosí*, San Luís Potosí, 1894.

[15] Primo Feliciano Velázquez, ed., *Coleccion de documentos para la historia de San Luis Potosí*, "Capitulaciones del virrey Velasco con la ciudad d[e] Tlaxcala para el envio de cuatrocientas familias a poblar en tierra de chichimecas.-1591," San Luis Potosí, 1897-1899, 4 vols., vol. I, pp. 177-183.

[16] Mecham, op. cit., p. 68 from Pena, op. cit., p. 5.

[17] Philip Wayne Powell, *Soldiers, Indians & Silver: The Northward Advance of New Spain, 1550-1600*, University of California Press, Berkeley and Los Angles, 1952 , note 29, p. 280.

[18] Ibid., pp. 196-197.

with a civil government for the area. Velasco appointed Juan de Oñate alcalde mayor of the new real de minas (head official or mayor of the mining district) with specific instructions to treat the Tlaxcalans justly, enforce the mining ordinances and act as judge of all disputes in the mining district.[19] Oñate arrived in October and surveyed the town site into building lots (solares) and issued them to settlers for residences, stamp mills or refining mills (ingenios o haciendas de beneficar metales) and established the municipal government.[20] Velázquez in his books (1897-1899, 1946) provides and discusses a number of documents on Juan de Oñate's participation in the founding of San Luis Potosí. A year later in 1593 Oñate relinquished his office of alcalde mayor to pursue his goal of colonizing New Mexico.

Following the example of Francisco and Diego Ibarra in the exploration and colonization of Nueva Viscaya (1563-1572), Juan de Oñate negotiated a contract to colonize the area north of New Spain. The original contract issued by Viceroy Luis de Velasco granted Oñate the right to colonize all of North America north of New Spain and Florida independently of the government of New Spain. Velasco's successor saw this as a threat to New Spain and made Oñate's colonization effort subject to the viceroy, though the Onate family protested this action for years. In 1598 Oñate colonized New Mexico and served as governor there until 1608. Juan de Oñate and his friends financed the colonization effort with their silver mining profits from Zacatecas. In 1607 Oñate sent a letter of resignation as governor to the Viceroy in an effort to get more support from the viceroy for the colony. The viceroy accepted his resignation and appointed a new governor in 1608. The new governor was rejected by the city council (cabildo) of San Gabriel (capital of New Mexico) and they elected Juan's son, Cristóbal de Oñate, governor of New Mexico. Cristóbal served two years as governor until his replacement in 1610. Cristóbal de Oñate was the first elected governor of New Mexico preceding the second elected governor in 1912 by 304 years. Cristóbal was probably the first Spanish governor of Native American decent (Aztec) in the New World as well as first elected governor.

By 1600 around six silver mines were in operation in New Mexico, but they were only marginally profitable. The majority of the colonists were discouraged and deserted New Mexico, and to protect themselves from prosecution for desertion, charged Oñate with a number of crimes. The two viceroys between the two terms of Viceroy Velasco were honorable men, but were determined to subordinate Oñate and New Mexico to New Spain. Their subordinates lied and supported the

---

[19] Mecham, op. cit., p. 70 from Peña, op. cit., pp. 6-7.

[20] Primo Feliciano Velázquez, ed., *Historia de San Luis Potosí*, Tomo I, Sociedad Mexicana de Geografía y Estadística, México D.F., 1946, p. 517.

10

deserters to discredit Oñate and his colonization of New Mexico. In 1610 Oñate returned to Zacatecas to continue running the family mines and mills and was convicted on some of the deserter's charges.

Following the death of his wife, Juan de Oñate went to Spain in 1621 to appeal his convictions and clear his name. In these efforts he was only partially successful. In 1624 King Philip IV asked him to accept the office of chief mine inspector (visitador general de las minas y escoriales de España) and prepare a status report on the mines and mills in Spain. Oñate accepted on the condition that he be allowed to bring six Mexican Indians to Spain to help him improve refining.[21] At that time Tlaxcalans and other Indians from central Mexico had become the amalgamation experts (azoqueros) of the mills on the northern frontier and Oñate wanted their help in improving beneficiation in Spain. Thus, by 1624, it was recognized that New World expertise in mining and beneficiation could help improve these professions in Europe.

Juan de Oñate's appointment as chief mine inspector of Spain constituted recognition by the King and his advisors that mining and metallurgical technology in the New World had advanced to the point where it could improve the technology of Europe. It is a turning point in the history of mining, when the flow of technology reversed directions across the Atlantic Ocean for the first time.

> Homer E. Milford
> Mining and Minerals Division
> Santa Fe (founded by Oñate in 1605), New Mexico

---

[21] Mark Simmons, *The Last Conquistador; Juan de Oñate and the Settling of the Far Southwest*, University of Oklahoma Press, Norman, 1991, p. 192.

NUEVAS LEYES DE LAS MINAS DE ESPAÑA, EDICION DE 1625 POR JUAN DE OÑATE

INTRODUCCION

Este libro se publica en ocasión del IV Congreso Internacional de Historia de la Minería, celebrado en la Facultad de Minas de la Universidad de Guanajuato del 10 al 13 de noviembre de 1998, como resultado del esfuerzo desplegado por Rina Ortiz Peralta e Inés Herrera Canales de la Dirección de Estudios Históricos del Instituto Nacional de Antropología e Historia de México. Esta publicación presenta por primera vez una versión en español moderno de las Leyes de Minas de España de 1584 en su formato original. El código minero de 1584 se conoce también como Ordenanzas del Nuevo Cuaderno, para diferenciarlas de las Ordenanzas del Antiguo Cuaderno que contenían las leyes de minería dispuestas para España y sus provincias del Nuevo Mundo antes de 1584.

La reimpresión de 1625 de las leyes y ordenanzas de minería de 1584, que aquí publicamos, fue hecha bajo la dirección de Juan de Oñate. Este personaje fue uno de los primeros escritores sobre metalurgia y minería en el Nuevo Mundo. Fue el primer individuo que escribió sobre estas materias viviendo en al actual territorio de los Estados Unidos. Esperamos que este libro contribuya a promover el reconocimiento de las contribuciones de Juan de Oñate a la historia minera y estimule futuras investigaciones que permitan localizar otros trabajos de Oñate en los Archivos de México o España.

Las leyes mineras

El nuevo código minero se publicó en España en 1584, pero en el Nuevo Mundo no sustituyó de inmediato a las antiguas leyes. En Perú la legislación minera elaborada por el virrey Francisco de Toledo en 1574, fue aprobada por Felipe II en 1589 y fue considerada como el código minero peruano hasta 1785-86 cuando entraron en vigor las ordenanzas de 1783. De esta manera, el código de 1584 nunca estuvo vigente en Perú. En la Nueva España hasta principio del siglo XVII continuaban en vigor los códigos promulgados por el virrey de Mendoza en 1550 y otras leyes antiguas. Hasta el momento no se ha podido precisar la fecha en la que finalmente el nuevo código sustituyó al antiguo en Nueva España[1], pero

---

[1] Arthur S. Aiton, "Ordenanzas hechas por el Sr. Virrey don Antonio de Mendoza sobre las minas de la Nueva España, Año de M:D:L": *Revista de*

debió haber sido después de la orden dictada por Felipe III a la Audiencia de México el 26 de noviembre de 1602. El rey Felipe había ordenado a la Audiencia preparar un informe detallado acerca de las leyes mineras que regían en cada provincia y que diferían de las estipuladas en el código de 1584, explicando además las razones por las cuales aquellas eran utilizadas. La reimpresión de 1625 contiene una referencia a una cédula de 1607 que puede ser la orden para que en la Nueva España las nuevas leyes reemplazaran a las antiguas. Las diversas leyes anteriores a las españolas de 1584 o las ordenanzas del Viejo Cuaderno continuaron aplicándose en tanto no entraran en conflicto con las leyes de 1584 o del Nuevo Cuaderno. Todas las leyes españolas se reunieron en una sola publicación, la *Recopilación de leyes de estos reynos (de Castilla)*, mientras que las leyes aplicables al Nuevo Mundo se compilaron en 1680 en otro libro: la *Recopilación de Leyes de los Reynos de las Indias*. Estos volúmenes y sus reimpresiones contienen partes de los antiguos y nuevos códigos, con ligeras variaciones. De este modo, las antiguas y nuevas leyes tal como aparecen en las diversas recopilaciones eran la única forma accesible para conocer las leyes mineras.

El esfuerzo mayor y mejor conocido para trazar el desarrollo de los códigos mineros españoles y de discutir su mejoramiento, es el trabajo del jurista mexicano Francisco Xavier Gamboa. Su libro *Comentarios a las Ordenanzas de Minas* fue publicado en 1761 y coincide con el mayor descenso en la producción de plata en la Nueva España desde 1690[2]. La reducción del 25 por ciento de los ingresos provenientes del impuesto a la producción de plata, entre 1759 y 1764, provocó una respuesta relativamente rápida del gobierno. El visitador General de la Nueva España, José de Gálvez, comenzó a preparar un nuevo código minero utilizando como guía los comentarios de Gamboa[3]. La nueva legislación fue aprobada por Carlos III el 26 de mayo de 1783, con el nombre de

---

Historia de América, núm. 14, pp. 73-95, junio de 1942, Instituto Panamericano de Geografía e Historia, pp. 79-80; Carlos Prieto, *Mining in the New World*, McGraw Hill Book Company, New York, 1973, p. 89

[2] Alejandro de Humboldt, *Ensayo político sobre el Reino de la Nueva España*, edición de Juan A. Ortega y Medina, editorial Porrúa, 1966; Miguel León Portilla, Jorge Gurría Lacroix, Roberto Moreno, Enrique Madero, *La minería en México*, México, Universidad Nacional Autónoma de México, 1969, p. 109

[3] John C. Lacy, "Going with the current: the genesis of the mineral laws of the United States", Chapter 10, *Proceedings of the Forty-First Annual Rocky Mountain Mineral Law Institutte*, Rocky Mountain Mineral Law Foundation, Denver, 1995, pp. 10-29; León Portilla, et, al, op. cit., p. 97

Ordenanzas de Minería entraron en vigor en Nueva España en enero de 1784. Aunque en algunos países este código fue sustituido por otras leyes después de la Independencia, en México estuvo vigente hasta 1884.

La Primera Asamblea Territorial de Nuevo México envió una resolución conjunta al Congreso de los Estados Unidos para que "las leyes de México en materia de minas sean reconocidas y perpetuadas". Esta resolución fue aprobada el 7 de julio de 1851, de modo que con ello se propuso la adopción de las Ordenanzas de 1783 como el código minero de los Estados Unidos. Esta fue la primera ley minera propuesta en los Estados Unidos por un estado o territorio. Solamente la precedieron regulaciones locales adoptadas por diversos distritos mineros. El congresista Thomas Hart Benton y otros propusieron adoptar las ordenanzas de 1783 como el código minero de los Estados Unidos. Sin embargo, hasta 1866 no se había adoptado ningún código minero con carácter nacional y en 1872 se aprobó una versión ampliada, misma que, con algunos cambios, continúa vigente hasta nuestros días. En muchos aspectos dichas leyes son una continuación de las ordenanzas de 1783, aunque sin referirse a ellas. Los códigos mineros norteamericanos y españoles permitieron la aplicación de todas las leyes mineras locales o provinciales que no contradijeran el código principal.

Juan de Oñate afirmaba que hacia 1625 existían cinco mil minas registradas. No mencionó si esta cifra incluía tanto a las de España como a las del Nuevo Mundo; sin embargo, esta cifra debió provenir de los registros de la oficina del *escribano mayor de minas y registros*, cuya creación había ordenado Carlos V el 4 de mayo de 1534 con el propósito de conservar registro de todos los reclamos mineros sustanciados frente a los oficiales provinciales.[4] Un artículo publicado por Beerman[5] relativo a los últimos cinco años de la vida de Oñate, llamó mi atención acerca del papel desempeñado por éste en la reimpresión de las ordenanzas en 1625. Al parecer, la reimpresión de 1625 del código minero de 1584, es la segunda y última impresión de dicho código. Todo indicaba que la nueva impresión era necesaria pues los ejemplares de la edición de 1584 eran difíciles de obtener, además de que debían corregirse algunos errores de la primera edición.

---

[4] J. Lloyd Mecham, "The Real de Minas as a Political Institution", *The Hispanic American Historical Review*, 7:1, pp. 45-83, Feb. 1927, p. 59, de Recopilación de Indias, 8:5:3

[5] Eric Beerman, "The death of an Old Conquistador: New Light on Juan de Oñate", *New Mexico Historical Review (NMHR)*, 54:4, pp. 305-319, 1979

Las leyes de 1584 en su forma original no constituyen ningún aporte a la literatura, a diferencia de la transcripción al español moderno del Código Mendoza de 1550, hecha por Aiton en 1942. La edición de 1625 permite formarse alguna idea del período y proporciona los sumarios o títulos de las ordenanzas que no aparecen en las recopilaciones. Tanto la edición de 1584 como la de 1625 debieron ser escasas o raras e incluso Gamboa, [6] en su gran obra, utilizó una versión tomada de una recopilación. La copia de la recapitulación de 1642 utilizada por Gamboa difiere en la puntuación y uso de mayúsculas, pero con excepción de las ordenanzas uno y ochenta y cuatro no se advierten cambios de palabras. Sólo se localizaron dos copias de la edición de 1625 del Nuevo Cuaderno, ambas en la Biblioteca Nacional[7] de Madrid, España, y también tenemos las referencias de Beerman[8] de la existencia de otra en el Archivo Histórico Nacional en Madrid.

Metalurgia

El otro documento incluido al final de este volumen es el "Tratado de re Metalica de Juan de Oñate" editado por Miguel Zerón Zapata[9], en un libro actualmente agotado. En el prólogo del mencionado trabajo, el Padre Mariano Cuevas, S.J., considera este ensayo como un anónimo del siglo XVII. Su autor debió escribirlo después de 1675 pues contiene referencias a Alvaro Alonso Barba. La primera edición de 1640 del *Arte de los Metales* de Barba fue prohibida por la Inquisición[10]. Se prohibió probablemente por considerar que el trabajo contenía secretos técnicos que debían permanecer ajenos a los extranjeros. Solamente se conocen tres ejemplares de la edición de 1540 y están en la Biblioteca Británica. El libro de Barba no pudo conocerse en el Nuevo Mundo sino hasta después de la segunda edición española de 1675. Seguramente esta segunda edición

---

[6] Francisco Xavier Gamboa, *Comentarios a las Ordenanzas de Minas*, Madrid, 1761, (Edición facsimilar), Miguel Angel Porrúa, librero editor, México, 1987, p. 2, Capítulo primero

[7] Números 3/23585 y VE183/41 en el salón Cervantes

[8] Beerman, op. cit., nota 10, p. 317

[9] Miguel Zerón Zapata (ed.) "Tratado de re Metalica de Juan de Oñate" en *La Puebla de los Angeles en el siglo XVII*, México, Editorial Patria S.A., México D.F., 1945, pp. 229-247

[10] Ross E. Douglas and E. P. Mathewson, *El arte de los metales (Metallurgy)*, John Wiley & Sons, Inc. , New York, 1922, pp. iii-iv; Prieto, 1973, op. cit., p. 185

fue posible porque ya existían dos ediciones inglesas (1670, 1674) y una italiana de 1675, que habían permitido a los extranjeros conocer su contenido. Así, el ensayo anónimo es probablemente posterior a 1675 y debe estar basado en los escritos de Juan de Oñate sobre metalurgia, datados al menos cincuenta años antes. El libro de Carlos Prieto La minería en el Nuevo Mundo[11] fue traducido al inglés y aumentado, publicándose con el título de *Mining in the New World*.[12] En esta versión, en el apartado B de la bibliografía, relativo a las Técnicas en el Nuevo Mundo, Prieto incluye la siguiente referencia: Oñate, Juan de, Tratado de re metalica; sin embargo en el texto mismo no menciona a Oñate.

La invención hecha por Bartolomé de Medina en 1554, conocida como beneficio de patio en Nueva España, revolucionó la refinación de los minerales de plata; sin embargo, la importancia de este invento no fue reconocida en Europa. El mencionado método era mucho más eficiente que el de fundición para los minerales de baja ley y constituyó la base para la refinación de la mayor parte de la producción de plata antes de 1900. Este proceso de refinación incrementó la rentabilidad de la minería de minerales no óxidos, tales como los sulfuros que se encuentran en los niveles más profundos de las minas. Hacia 1560 el invento de Medina había arraigado completamente en la América Septentrional y lo mismo sucedía en América del Sur hacia 1580 y aunque su figura ya había sido incorporada a las ordenanzas de 1584, sin embargo, fue probablemente Juan de Oñate el mejor promotor de este método en Europa.

La vida de Juan de Oñate

Juan de Oñate es quizá el único personaje nacido en las Américas que llegó a ocupar un puesto tan importante como el de Visitador General de las Minas de España. En 1998 se celebró el cuarto centenario de la fundación del Reino de Nuevo México por Juan de Oñate y, en consecuencia, se han publicado numerosos trabajos sobre este aspecto de la vida este personaje. Sin embargo, la colonización de Nuevo México representa apenas una década y media de una existencia dedicada principalmente a la minería. La mayor parte de su vida, Juan de Oñate fue un minero práctico, un concienzudo observador de las técnicas metalúrgicas y, además, escribió sobre estos asuntos.

---

[11] Carlos Prieto, La minería en el Nuevo Mundo, Revista de Occidente, Madrid, 1968

[12] Carlos Prieto, *Mining in the New World*, 1973

En la historia de la minería y metalurgia en América, Juan de Oñate ha recibido poca atención fuera del estado de Zacatecas. Su padre, Cristóbal de Oñate (El viejo) es mejor conocido como uno de los fundadores de las ciudades de Zacatecas y Guadalajara y como uno de los cuatro mineros (Juan de Tolosa, Cristóbal de Oñate, Francisco de Ibarra y Baltasar de Bañuelos) que fundaron la minería zacatecana en 1548. Allí nació Juan de Oñate hacia 1549 ó 1550[13] y trabajó en las minas y haciendas de beneficio de su familia. Los cuatro fundadores de Zacatecas y muchos otros mineros se enriquecieron a principio de los años 1560 utilizando el proceso de amalgamación de Medina. Juan de Oñate se casó con Isabel de Tolosa y Cortés Moctezuma, nieta de Hernán Cortés y bisnieta del emperador azteca Moctezuma. Tuvieron dos hijos: Cristóbal y María. Esta última se unió en matrimonio a Vicente de Zaldívar.

La carrera pública de Juan de Oñate comenzó el 27 de agosto de 1592, cuando fue designado como Alcalde Mayor de la Provincia de Mesquitique Potosí[14], por el virrey Luis de Velasco. Fray Francisco Franco estaba

---

[13] Se ha aceptado comúnmente como fecha de nacimiento de Juan de Oñate los años 1552 o 1554, de modo que la mayoría de los autores los citan sin hacer referencias. Debemos señalar, sin embargo, que son erróneas. La fecha 1552 parece provenir de la interpretación que hace Lansing B. Bloom de la frase "de un solo vientre con Don Cristóbal" que aparece en una probanza de 1578 ("New notes from Seville" NMHR, v. 14, 1939, p. 118). En ella se decía que Don Cristóbal tenía 26 años y Bloom supuso que la mencionada frase significaba que Juan era hermano gemelo de Cristóbal y que, por lo tanto, había nacido en 1552. Lo que en realidad quería decir el testigo es que ambos eran hijos de la misma madre: "del mismo vientre", frase que también se utiliza en el inglés antiguo. Anteriormente, al resumir los testimonios escritos en 1622, Bloom señaló que uno de ellos (probablemente el de 6 de abril de 1622) afirmaba que Juan tenía "más de setenta y tres años" ("Oñate's Exoneration", NMHR, v. 12, n. 2, 1937, p.177). Otras referencias contemporáneas que ubican el nacimiento de Juan entre septiembre de 1549 y octubre de 1550 son: Beerman (op. cit., 309, 312) y el testimonio del licenciado Muztia de la Llana (Donald T. Garate, "Juan de Oñate's Prueba de caballero, 1625: A Look at His Ancestral Heritage", Colonial Latin American Historical Review, v. 7, no. 2, 1998, p. 162). Juan de Oñate se dirigió al rey Felipe IV el 7 de septiembre de 1623, diciendo que tenía más de 73 años (Oñate al Rey, Madrid, 7 de septiembre de 1623, Pellicer, Ms.XXII, ff. 192-193, Real Academia de Historia, Madrid, en Beerman, op. cit., p. 306, nota 7). Es decir, el propio Juan de Oñate asentó que había nacido en alguno de los doce meses anteriores al 7 de septiembre de 1550

[14] Mecham, op. cit., p. 69 de Francisco Peña, *Estudio histórico sobre San Luis Potosí*, San Luis Potosí, 1894

encargado de la misión en esta región y había supervisado el asentamiento de cerca de cien familias indígenas tlaxcaltecas en 1591, por un acuerdo especial con el virrey Velasco.[15] Algunos de estos tlaxcaltecas se habían asentado a cinco leguas de la misión, en un lugar que posteriormente sería la ciudad de San Luis. Aparentemente algunos de los tlaxcaltecas poseían alguna experiencia minera y dijeron al padre Franco que en las inmediaciones del asentamiento existían ricos depósitos minerales, éste lo comunicó a Miguel Caldera, Justicia Mayor de la región, "quien de inmediato (4 de marzo de 1592) envió a su yerno, Juan de la Torre, y a algunos soldados a inspeccionar las lomas"[16]. Los tlaxcaltecas les mostraron las venas argentíferas[17], a los tres días ya habían presentado los denuncios, regresado a la misión y registrado los denuncios, volviendo el 7 de marzo con Caldera. El mejor sitio para fundar el pueblo era el ocupado por los tlaxcaltecas, de modo que Caldera los trasladó una milla hacia el norte y a los Chichimecos locales hacia el oeste. La acción de Caldera constituía probablemente una violación a los tratados que había firmado el virrey de Velasco con los tlaxcaltecas a cambio trasladarlos hacia la frontera.[18] El contrato garantizaba a los tlaxcaltecas los títulos de propiedad de los pueblos que fundaran y prohibía a los españoles la compra de solares en dichas poblaciones, prohibía también el establecimiento de estancias de ganado mayor en las inmediaciones de los pueblos, además de concederles otros derechos especiales. La fama de los nuevos descubrimientos argentíferos se extendió rápidamente y el virrey Velasco concedió a la región el título de real de minas, con un gobierno civil. Velasco designó a Juan de Oñate como Alcalde Mayor del nuevo Real de Minas, con instrucciones específicas de tratar con justicia a los tlaxcaltecas, hacer cumplir las ordenanzas de minería y actuar como juez en todas las disputas en el distrito minero[19] Oñate llegó en octubre e hizo un reconocimiento del territorio repartiéndolo en solares para casas, ingenios o haciendas para beneficiar minerales y estableció el gobierno

---

[15] Primo Feliciano Velázquez, ed., *Colección de documentos para la historia de San Luis Potosí*, "Capitulaciones del virrey Velasco con la ciudad d[e] Tlaxcala para el envio de cuatrocientas familias a poblar en tierra de chichimecas. -1591", San Luis Potosí, 1897-1899, 4 vols, Vol. 1, pp. 177-183

[16] Mecham, op. cit., p. 68; Peña, op. cit., p. 5

[17] Philip Wayne Powell, *Soldiers, Indians & Silver: The Northward Advance of New Spain, 1550-1600*, Univeristy of California Press, Berkeley and Los Angles, 1952, nota 29, p. 280

[18] Ibid., pp. 196-197

[19] Mecham, op. cit., p. 70; Peña, op. cit., pp.6-7

municipal[20]. Primo Feliciano Velázquez en sus libros (1897-1899, 1946) documenta y debate la participación de Juan de Oñate en la fundación de San Luis Potosí. Un año más tarde, en 1593, Oñate dimitió de su cargo de Alcalde Mayor en pos de su propósito de colonizar Nuevo México.

Siguiendo el ejemplo de Francisco y Diego Ibarra en la exploración y colonización de Nueva Vizcaya (1563-1572), Juan de Oñate obtuvo un contrato para colonizar el territorio septentrional de la Nueva España. El contrato original firmado por el virrey Luis de Velasco, concedía a Oñate el derecho para colonizar el territorio situado al norte de la Nueva España y la Florida, con independencia del gobierno de la Nueva España. El sucesor de Velasco consideró este contrato como una amenaza a la Nueva España y sujetó el esfuerzo colonizador de Oñate al gobierno del virrey, a pesar de que la familia Oñate impugnó por años esta acción. En 1598 Oñate colonizó Nuevo México y actuó como gobernador hasta 1608. Juan de Oñate y sus compañeros financiaron la colonización con las ganancias provenientes de sus negocios mineros en Zacatecas. Como una medida de presión para obtener un apoyo mayor para la colonia, en 1607 Oñate envió al virrey una carta renunciando al cargo. Sin embargo, el virrey aceptó la renuncia y designó a un sustituto en 1608. El ayuntamiento de San Gabriel, capital de Nuevo México, rechazó al nuevo gobernador y eligió en su lugar al hijo de Juan, Cristóbal de Oñate. Este sirvió en el cargo dos años, hasta que fue reemplazado en 1610. Cristóbal de Oñate fue el primer gobernador electo en Nuevo México, el segundo fue electo 304 años después, en 1912.

Para 1600 en Nuevo México se trabajaban aproximadamente seis minas de plata, pero sin mucha fortuna. La mayoría de los colonizadores se hallaban desalentados y abandonaron Nuevo México y, para protegerse de posibles persecuciones por deserción, acusaron a Oñate de una serie de delitos. A pesar de su honorabilidad, los virreyes que gobernaron entre los dos períodos del virrey Luis de Velasco habían determinado someter a Oñate y a Nuevo México a la jurisdicción de la Nueva España. Para conseguirlo, los oficiales subordinados mintieron y apoyaron a los colonizadores fugitivos para desacreditar a Oñate y su colonización de Nuevo México. En 1610 Oñate regresó a Zacatecas para continuar con los negocios mineros familiares, y fue condenado por algunos de los cargos formulados en su contra por el grupo de desertores.

---

[20] Primo Feliciano Velázquez (ed), *Historia de San Luis Potosí*, t. I, Sociedad Mexicana de Geografía y Estadística, México D.F., 1946, p. 517

Después de la muerte de su esposa, Juan de Oñate viajó a España para apelar su condena y limpiar su nombre. Sus esfuerzos sólo tuvieron éxito parcial. En 1624 el rey Felipe IV le pidió que asumiera el cargo de Visitador general de las minas y escoriales de España y que preparara un informe sobre la situación de las minas y haciendas de beneficio en España. Oñate aceptó con la condición de que le permitieran traer a España seis indios mexicanos para apoyarlo en el perfeccionamiento de los métodos de refinación[21]. En esta época los Tlaxcaltecas y otros indígenas del centro de México se habían convertido en expertos en las tareas de amalgamación en la frontera norte y Oñate deseaba que le ayudaran a mejorar los métodos de beneficio en España. De este modo, en 1624 con este hecho se reconoció tácitamente que la experiencia minera y metalúrgica desarrollada en el Nuevo Mundo podía contribuir al perfeccionamiento de las técnicas europeas.

El nombramiento de Juan de Oñate como Visitador General de las Minas y Escoriales de España, constituía el reconocimiento, por parte del rey y sus consejeros, de que la tecnología minera y metalúrgica del Nuevo Mundo había avanzado hasta el punto de contribuir a mejorar tecnología europea. Se trata de un momento decisivo en la historia de la minería cuando, por primera vez, la técnica fluía en sentido inverso a través del Atlántico.

Homer. E. Milford
Mining and Mineral Division
Santa Fe (Fundada por Oñate en 1605), Nuevo México
Traducido por Rina Ortiz Peralta

---

[21] Mark Simmons, *The last Conquistador: Juan de Oñate and the Settling of the Far Southwest,* University of Oklahoma Press, Norman, 1991, p. 192

NUEVAS LEYS DE LAS MINAS DE ESPAÑA: 1625 EDICIÓN DE JUAN DE OÑATE

Trasladado y arreglado por Homer Milford
Richard Flint, Shirley Cushing Flint y Geraldine Vigil

NUEVAS LEYES Y ORDENANZAS, Hechas por su Magestad del Rey don Filipe nuestro señor, cerca de la forma que se ha de tener en estos Reynos, en el descubrimiento, labor, y beneficio de las minas de oro, plata, azogue, y otros metales. Y con la parte que se ha de acudir a su Magestad, y la que han de *h*aber los descubridores y beneficiadores de *e*llas. QUE CON ORDEN Y MANDATO DE LA Real junta de Minas de *e*stos Reynos, y a espensa de don Juan de Oñate, Adelantado del Nuevo Mexico, hizo imprimir Andrés de Carrasquilla, Secretario del dicho Adelantado

CON LICENCIA, En Madrid, por Luis Sanchez, impressor del Rey N. S. año de 1625. [fin cubierta]

JUNTA PARTICULAR que su Magestad mando hazer con comission y jurisdicion privativa a todos los Consejos supremos, y los señores que *h*oy son de ella.

EL EXCELENTISSIMO Señor don Gaspar de Guzman, Conde de Olivares, Duque de Sanlucar, gran Canciller.

El excelentissimo señor don Diego de Silva y Mendoza, Marques de Alenquer, Duque de Francavila, Comendador de Herrera en la Orden de Alcantara.

El Licenciado Gilimon de la Mota, Caballero de la Orden de Santiago, del Consejo del Rey nuestro Señor en el supremo de Castilla.

El Doctor Gregorio Lopez Madera del Consejo del Rey

nuestro señor en el supremo de Castilla.

El Licenciado don Francisco Castilui, Caballero de la Orden de Montesa, del Consejo del Rey nuestro señor en el Real de Aragon.

Juan de Gamboa, Caballero de la Orden de Santiago, del Consejo del Rey nuestro señor en su Real Contaduria de Hazienda.

El Padre Hernando Chirino de Salazar, de la Compañia de Jesus, Predicador de su Magestad, y Consultor de la santa y general Inquisicion.

Andreas de Rozas, del Consejo del Rey nuestro señor, su Secretario de Ordenes, y de la dicha junta.

Melchior Moran, del Consejo del Rey nuestro señor, su Secretario, que assiste en la dicha junta.

Francisco de Salazar, Contador del Rey nuestro señor, Y la junta crio Fiscal, y Relator.

{§2 TASSA} [fin pag. 1]

TASSA.

Yo Juan de Villa Ceballos, Escribano de Camara de su Magestad de los que residen en su Consejo, doi fee, que *h*abiendose visto por los señores de *e*l un quaderno de las Ordenanzas de las minas, que con licencia de los dichos señores ha sido impresso por Andres de Carrasquilla, le tassaron a quatro maravedis el pliego, y a este precio, y no mas mandaron se venda: y que esta fee de tassa se ponga al principio de cada cuerpo, para que se entienda, y sepa el precio a que cada uno se ha de vender. Y para que de *e*llo co*n*ste de pedimiento del dicho Andres de Carrasquilla, y ma*n*dado de los dichos señores del Co*n*sejo di esta fee, en Madrid, a diez dias del mes de Se*p*tiembre, de mil y seiscientos y veinte y cinco años.

Juan de Villa Ceballos.

Fe de las erratas.

ESTE Libro de las *Ordenanzas de las minas*, corresponde con su original, y no tiene errata que notar. Dada en Madrid a 9.de Se*p*tiembre, año 1625.

El Licenciado Murcia
de la Llana. [fin pag. 2]

DON Filipe por la gracia de Dios, Rey de Castilla, de Leon, de Aragon, de las dos Sicilias, de Jerusalen, de Portugal, de Navarra, de Granada, de Toledo, de Valencia, de Galicia, de Mallorca, de Sevilla, de Cerdeña, de Cordoba, de Corcega, de Murcia, y de Jaen, Conde de Flandes, y de Tirol, señor de Vizcaya y de Molina, &c. Por quanto por parte de vos Andres de Carrasquilla, Secretario del Adelandado don Juan de Oñate, en la visita, labor, y beneficio de las minas de estos Reynos, Nos ha sido fecha relacion, que por quanto en el reconocimiento de las minas se habian hallado muchas de importancia, que se habian de poner y ponian en labor, y en beneficio, y por leyes, y ordenanzas de estos Reynos estaba promulgado todo aquello que a la conservacion, y el tal beneficio se habia de seguir; las quales habian sido impressas y promulgadas por el año de quinientos y ochenta y quatro, como parecia por el quaderno de que haziades presentacion. Y porque por el largo tiempo que habia que se imprimieron y no se hallaba ninguno, y hazian mucha falta a todos aquellos que trataban y habian de tratar del dicho ministerio por la noticia que se les daba de todo lo tocante y perteneciente assi a lo que tocaba a nuestra Real hazienda, como lo que habia de guardar y cumplir, suplicandonos os mandassemos dar licencia por una vez para hazer imprimir el dicho quaderno de leyes y ordenanzas de minas, o como la nuestra merced fuesse. Lo qual visto por los del nuestro Consejo, por quanto en el dicho libro se hizieron las diligencias que la pragmatica por nos ultimamente hecha sobre la impression de los libros dispone, fue acordado, que debiamos de mandar dar esta nuestra carta para vos en la dicha razon; y nos tuvimos lo por bien. Por la qual por os hazer bien y merced, os damos licencia y facultad para que por esta vez vos, o la persona que vuestro poder hubiere, y no otra alguna, podais hazer imprimir, y vender el dicho libro, que de suso se haze mencion en todos estos nuestros Reinos por el original, que en el nuestro Consejo se ha visto, que todo va rubricado y firmado al fin de Juan de Villa Ceballos, nuestro escribano de Camara de los que en el nuestro Consejo residen, con que antes que se venda lo traigais ante nos juntamente con el dicho original, para que se vea, si la dicha impression esta conforme a el, o traigais fee en publica forma en como por Corrector por nos nombrado se vio y corrigio la dicha impression por el original. Y mandamos al impressor que ansi imprimiere el dicho libro, no imprima el principio y primer pliego, ni entregue mas de un solo libro con el original al Autor, o persona a cuya costa le imprimiere, y no a otra alguna para efecto de la dicha correcion y tassa hasta que primero el dicho {§3 libro} [fin pag. 3] libro este corregido y tassado por los del nuestro Consejo. Y estando assi, y no de otra manera pueda imprimir el dicho principio y primer pliego, y en el seguidamente ponga esta nuestra licencia, y las aprobacion, tassa y erratas, so pena de caer e incurrir en las penas contenidas en la dicha pragmatica y leyes de estos nuestros Reinos, que cerca de ello dispone. De lo qual mandamos dar y dimos esta nuestra carta sellada con nuestro sello y librada por los del nuestro Consejo. Dada en Madrid a nueve dias del mes de Agosto, de mil y seiscientos y veinticinco años. El Licenciado Pedro de Tapia. El Licenciado Melchor de Molina. El Licenciado Gregorio Lopez Madera. Licenciado don Juan de Frias Messias. Doctor don Pedro Marmolejo. Yo Juan de Villa Ceballos, escribano de Camara del Rey nuestro señor la fize escribir por su mandado con acuerdo de los del su Consejo. Registrada. Martin de Mendieta. Por Canciller Martin de Mendieta. [fin pag. 4]

ANDRES DE CARRASQUILLA,
Secretario de don Juan de Oñate, Adelantado del
Nuevo Mexico, Visitador general de las minas de España,

A TODOS.

QUANTA Gloria se debe a los inventores de las cosas utiles, cuyos efectos han resultado en beneficio y aumento de la naturaleza humana; bien nos lo dio a entender la supersticion antigua, pues ignorante del conocimiento del verdadero Dios les erigio Templos, y consagron aras, como a Baco y Ceres, que vincularon al mundo su honor y sustento, ella en una semilla, y el en una planta: y no solo a estos, sino a los que con grandeza de animo, o restituyeron a la memoria las que ya habia estragado el olvido, o las dispusieron con tan facil me todo, que el uso de ellas antes dificil (ya vencidos los inconvenientes) se haze tan familiar, que le juzgan amable los que le temieron inaccessible. Quien duda que tan glorioso assumpto debe ser venerado y principalmente en aquellos, que desnudos de las passiones domesticas, ambicion y codicia, hazen el principal premio de sus vigilias el servicio de las Magestades Divina y humana, y la utilidad publica de su patria. Grandes partes son estas, y todas juntas en un sugeto pocas vezes possibles. Pero como ninguna edad ha estado tan

24

desierta del todo de varones de generoso espiritu, que no la adorno alguno con el esplendor de virtudes superiores, ha tenido la presente uno para competir con todas las passadas, a pesar de los mal contentos que tan infeliz la lloran: porque sus males particulares (quizas las mas vezes merecidos) quieren que se juzguen por desdicha universal del mundo. Uno digo, que por la piedad del zelo, y la constancia del valor la puede hazer blasonar, y presumir: este es el Adelantado don Juan de Oñate mi señor, que viendose en los mayores años de su edad, porque passa de los setenta, y siendo uno de los Caballeros de mas gruesso caudal que habia en las partes del Occidente, y con nietos varones, sucessores en su casa y mayorazgo, juzgandose con partes utiles al servicio de Dios, de su Rey, y de su patria; no fueron bastantes, ni el gran peso de sus partes, ni la dulce presencia de los nietos, perpetuidad de su sangre generosa, y donde se ve renacer antes de morir, ni los grillos de oro de tanta riqueza segura, para que dexasse de arriesgar su vida a la infidelidad de los inconstantes mares, y de tantos enemigos del vitorioso nombre Español que los navegan, haze enchando sus armadas, siendo su mayor presa los desprecios de ellas. Llego a España con salud, que {el} [fin pag. 5] el cielo que dio el intento le va disponiendo los medios para su consecucion: tan del cielo pienso que es la obra, que en ella a el no es sino un instrumento principal del cielo para hazer obrar los demas instrumentos inferiores. Vuelvo a repetir que llego a España sin saber a que. Trato con su Magestad, y sus mas confidentes ministros del beneficio, y labor de sus minas, tan saqueadas de los antiguos Cartaginenses, y Romanos, que se puede dezir, que en ella antes triunfaron de la plata, que del hyerro, porque mas riquezas llevaron con permission de los naturales, que adquirieron vitorias por el esfuerzo de sus armas. Oyese su proposicion con el gusto que se debia a tan generoso zelo, porque se ofrecio a dar principio a esta obra a su costa, para empeñar con su liberalidad, como se ha visto los animos de muchos que ya desean ser participes en la jornada que hizo de las Indias a España, y en la que se ofrecio en ella de visitar todas sus minas, donde estan registradas mas de cinco mil de oro, plata, cobre, plomo, alcool, azogue, caparrosa, y todos los demas metales que produze la naturaleza. Ha gastado cantidad considerable de hazienda, con tan alegre semblante, como aquel que sabe que siembra en beneficio del pueblo mas Catolico. Pues cierto es, que no anhelara codicioso, quien dexo tantas riquezas en possession por las que hoy estan en esperanza. Agradecido su Magestad a su zelo, ha honrado a su persona en diferentes ocasiones.

Si bien tiene grangeado mucho por la conquista que a su costa hizo de las Provincias del Nuevo Mexico. Nombro junta particular para que trate esta materia de minas donde estan ya resueltas, y hecho eleccion de muchas: tomados assientos con condiciones y calidades, todas a mi parecer honrosas y utiles. Quanto sean honrosas, se colige por haber dado su Magestad tantas preeminencias a los que se emplearen en esta fatiga, cuyo fruto ha de ser descanso universal: pues quiere que gozen de privilegios militares, y manda, que del conocimiento de sus causas se inhiban sin excepcion las justicias del Reyno. Quanto utiles, se descubre con mejor conocimiento: pues mostrandose su Magestad en esta accion, como en todas padre de sus vassallos, ha moderado tanto sus derechos, que parece, y sin duda es assi, que solo mira a enriquecerlos, porque reconoce con bien reciente esperiencia, que siempre sera en ellos el menor donativo el de las haziendas, quando aun los que nacieron con obscuras obligaciones corren con ansia a sacrificar las vidas. Entre tantas razones parece, que nos debe animar a esta empresa un honrado corrimento. Es possible que vamos a buscar fuera de nuestras casas: dixe mal, pues nada estan nuestro, como el Nuevo Mundo, tan escondido a la ambicion Gentilica de aquel monstro de la gracia, y tan descubierto a la virtud Catolica de aquellos sagrados Reyes, Isabel, y Fernando. Digo pues, es possible que vamos a buscar con larga distancia de nuestro nacimiento, la misma riqueza que con nosotros, y entre nosotros nace, sin tener la que apete- {cemos} [fin pag. 6] cemos mejores calidades: antes esta en muchas partes de las que se han visitado, realiza su nobleza con quilates superiores: si no es que dezimos, que a los metales mas preciosos les corre igual fortuna a la de los hombres eminentes: pues los resplandores de la ciencia de los unos, y los de la riqueza de los otros se desestiman en la patria donde se engendran. O ingratitud de la patria. Despreciaron nuestros antiguos Españoles su nativa riqueza, y dexaron la desfrutar a los Fenices, y Romanos. Y parece que les sucedio el mismo caso a los Españoles con los Indios: tan el mismo que le repitio la fortuna: pues daban en ferias el oro, y la plata, de sartas de cuentas de vidrio, cambiando aquella hermosura perpetua y constante por dones tan utiles, y quebradizos, casi me atrevo a sospechar, que si hubieran nacido los Indios tan bizarros en el animo como los Españoles, vinieran a buscar a nuestras minas lo que despreciaron en las suyas, como nosotros a las suyas, lo que despreciaron en las nuestras. No es mi intento desanimar aquella empresa, que todo quanto la miramos mas dificil, tanto la celebramos mas gloriosa, sino a su exemplo provocara la que tenemos dentro de nuestras casas guardada por tantos años y siglos, no sin fin misterioso, para el tiempo en que reyna Filipe Quarto, que heredero de la santidad del Tercero, de la prudencia del Segundo, y de las vitorias y triunfos del Quinto Carlos, se mira hoy señor de tantos exercitos y armadas vencedoras, ocupando ellos todas las tierras, y ellas todos los mares, y las insignias triunfantes de ellas, y de ellos el nieto. Crezca pues en todos el animo, ofrezcan los poderosos las fuerzas, de su riqueza, que ha de ser para mayor aumento de ella, los pobres sacrifiquen el trabajo corporal, que en breve tiempo vendran a ser ricos, y se redimiran de lo que uniendose todos a un mismo fin, con la abundancia que redundara, seran mayores, y mas continuos los Sacrificios de los Templos, los exercitos desarmados del Monarca Español mas copiosos y siempre satisfechos: los trofeos de la patria, desde Pelayo aca aumentados, y nunca menores iran siguiendo el progresso de tantas glorias, naceran laureles para premio de las armas, y de las letras, porque de la fatiga de las unas se siguira de dulce ocio de las otras, y conoceran entonces con el castigo sangriento los rebeldes a la obediencia del Pastor universal, la verdad que no quisieron oyr con piedad y clemencia. [fin pag. 7] [en blanco pag. 8]

EL REY.

POR Quanto el Rey mi señor y padre que santa gloria haya, por una su carta y provision, firmada de su mano, y refrendada de Juan Vazquez de Salazar su Secretario, librada por algunos del su Consejo. Dada en san Lorenzo el Real a veinte y dos de Agosto del año passado de mil y quinientos y ochenta y quatro, mando hazer y hizo ciertas ordenanzas para lo tocante a las minas y mineros de estos Reynos descubiertos y por descubrir, en la qual entre otras cosas, se declaro los derechos que a su Magestad habian de pertenecer de las dichas minas y mineros, y la forma y orden que en su cobranza se habia de tener y guardar, segun mas largo en la dicha carta y provision se contiene, y porque la experiencia ha mostrado ser necessario y conveniente a mi servicio, bien y beneficio de estos Reynos, y de los subditos y naturales de ellos hazer mas gracia y merced a los descubridores y beneficiadores de las dichas minas, de la que se les hizo por las dichas ordenanzas, y facilitar la paga y cobranza de los dichos dercechos, y de otras cosas, habiendose tratado y platicado sobre ello en diferentes juntas, assi en mi tiempo, como en el de su Magestad, y ultimanente lo mande cometer y tratar en mi Consejo de

Leyes y pragmaticas

Hazienda y Contaduria mayor de ella, y habiendoseme por el consultado, he acordado, resuelto, y determinado, que no obstante que conforme a las dichas ordenanzas me pertenecen de las minas de plata de los metales que acudieren, a razon de marco y medio de plata, que son doze onzas por quintal de plomo, plata, la decima parte de la plata, sin quitar costas, y de las que acudieren a razon de a marco y medio por quintal de plomo, plata hasta quatro marcos el quinto, y de las que acudieren de quatro marcos arriba, hasta seis la quarta parte, y de seis marcos arriba, la mitad, y de las minas de oro de qualquier ley y riqueza que fueren, la mitad del oro, todo ello libre de costas: y de las minas desamparadas que estuvieren a hondadas diez estados, y acudieren, a dos marcos de plata por quintal de plomo, y dende abaxo: la dozava parte, y si acudieren a mas como de las nuevas, y de la plata que se sacare de los terreros y escoriales de minas viejas desamparadas, la decima parte, fundiendose de por si: y si se mezclaren con otros metales, se ha de pagar como de las demas minas. Por hazer merced como esta dicho a los subditos y naturales de estos Reynos, tengo por bien que por tiempo de diez años contados desde el dia de la fecha de esta mi cedula en adelante, solamente se me pague de las minas de oro y plata, y de los desmontes y escoriales de quinze uno: y passados los dichos diez años, de diez uno todo sin quitar costas, con declaracion, que cumplidos veinte años desde el dicho dia de la fecha de esta, pueda mandar subir los {dichos} [fin pag. 9] dichos derechos, con que no sea mas que de cinco uno, que dando a cargo del dicho mi Consejo de Hazienda y Contaduria mayor de ella que passados los dichos veinte años conforme al estado de las minas, me consulten en las que se pondran subir los derechos con que como esta dicho en ninguna sea mas que el quinto.

Por las dichas ordenanzas esta mandado, que persona alguna no pueda fundir metal, sino fuere en sus hornos propios, sin licencia del administrador, y que no le puedan revolver metales para fundirse, y que en cada uno de los assientos de minas se haga una casa de afinacion a mi costa, donde todos afinen su plomo y plata, y que no se haga en otra parte, y donde no pudiere haber casa de afinacion, se lleve adonde la haya y que en cada casa de afinacion haya los afinadores necessarios, nombrados por el administrador, los quales hagan las afinaciones a costa de las partes, y que en cada assiento de minas donde hubiere casa de afinacion, haya fiel y escribano, y

de las minas

afinada y sacada la plata en presencia del administrador, y de un escribano, el fiel la pese y saque la cantidad que me perteneciere, y se entregue a la persona que yo nombrare, y se le haga cargo de ella, assentadose en los libros y en el del administrador, con dia, mes, y año, y declarando de que mina es la plata y el dueño de la partida, y la persona que la truxo a afinar, y lo que peso toda, y la parte que me pertenecio de ella: y en tres libros que ha de haber, firmen todos y la parte, y la que tocare al dueño, se le entregue con la marca de mis armas Reales, sin la qual ninguno la pueda vender ni comprar, so ciertas penas: y que los que beneficiaren plata en azogue, den noticia de ello al administrador, y que no saquen la plata de la parte donde se hubiere puesto a desazogar, sin que esten presentes el administrador y escribano, y se hagan otras muchas diligencias. Tengo por bien de suspender y suspendo, en quanto a lo susodicho, el uso de las dichas ordenanzas, y que conforme a las minas que hubiere, y a las partes donde se labraren, el dicho mi Consejo de Hazienda y Contaduria mayor de ella, de la forma que le pareciere en todo lo susodicho, hasta que yo provea y mande otra cosa, teniendo particular cuidado en la cobranza de mis derechos, de modo que no por ello se impida la labor de las minas en quanto buenamente se pudiere.

Todo lo qual es mi voluntad, que assi se guarde y cumpla, sin embargo de lo contenido en las dichas ordenazas, con las quales para en quanto a esto toca dispenso, quedando en su fuerza y vigor para en lo demas en ellas contenido. Y mando a los del dicho mi Consejo de Hazienda y Contaduria mayor de ella, y al administrador general y administradores de las dichas minas, y otras qualesquier juezes y justicias de estos mis Reinos y señorios, y a cada uno en su jurisdicion, que assi lo guarden y cumplan, y hagan guardar y cumplir, y contra ello no vayan ni passen, ni consientan ir ni passar por alguna manera, y que de esta dicha mi cedula se tome la razon por mis Contadores de minas. Fecha en Madrid a cinco de Agosto de mil y seiscientos y siete años. YO EL REY. Por mandado del Rey nuestro señor. Pedro de Contreras, Tomaron la razon de la cedula de su Magestad en la hoja antes de esta escrita, sus Contadores de rentas, a cuyo cargo esta la cuenta y razon de las minas de estos Reynos. En Madrid a dieziocho de Agosto de mil y seiscientos y siete años. Jordan Vello de Acuña. Pedro de Bañuelos. [fin pag. 10] {1}

Leyes y pragmaticas

{1 **Incorporacion de las minas, y mineros del Reyno en el patrimonio Real.**}

DON FILIPE POR la gracia de Dios, Rey de Castilla, de Leon, de Aragon, de las dos Sicilias, de Jerusalen, de Portugal, de Navarra, de Granada, de Toledo, de Valencia, de Galicia, de Mallorca, de Sevilla, de Cerdeña, de Cordoba, de Corcega, de Murcia, de Jaen, de los Algarves, de Algeciras, de Gibraltar, de las Islas de Canarias, de las Indias Orientales, y Ocidentales, Islas, y Tierra firme del mar Oceano, Archiduque de Austria, Duque de Borgoña, Brabante, y Milan, Conde de Hapsburg, de Flandes, de Tirol, y de Barcelona, señor de Vizcaya, y de Molina, &c. Al serenissimo Principe don Filipe, nuestro muy caro, y muy amado hijo: y a los Infantes, Prelados, Duques, Marqueses, Condes, Ricoshombres, y a los del nuestro Consejo, y a los nuestros Contadores mayores, Presidente, y Oydores de las nuestras Audiencias, Alcaldes, y alguaziles de nuestra Casa y Corte, y Chancillerias: y a los Priores, Comendadores, y Subcomendadores, y a los Alcaydes, y Tenedores de castillos, y casas fuertes, y llanas; y a los Concejos, Assistentes, Corregidores, Alcaldes, y otros qualesquier juezes, y justicias, alguaziles, y merinos, Ventiquatros, Regidores, Jurados, caballeros, y escuderos, oficiales, homesbuenos, y a todas otras qualesquier personas, de qualquier estado, condicion, preeminencia, o dignidad que sean. Y a todas, y qualesquier ciudades, villas, y lugares de los nuestros Reynos, y Señorios de nuestra Corona Real de Castilla, assi Realengos, como Abadengos, y de Señorios, y Ordenes, y behetrias encartaciones, y merindades. Y a cada uno, y qualquier de vos, a quien toca, y atañe: tocar y atañer puede en qualquier manera lo en esta nuestra carta contenido, Salud, y gracia. Bien sabeis, como por una nuestra pragmatica, su data en la villa de Valladolid a diez dias del mes de Enero de mil y quinientos y cinquenta y nueve años, resumimos, e incorporamos en nos, y en nuestra Corona, y patrimonio Real todos los mineros de oro y plata, y azogue de estos nuestros Reynos en qualesquier partes, y lugares que sean, y se hallaren, Realengos, o de señorio, o Abadengo. Agora fuesse en lo publico Concegil, y baldio, o en heredamientos, y partes, y suelos de particulares, no em {A bar-} [fin pag. 11] bargante las mercedes, que por nos, o por los Reyes nuestros antecessores se hobissen hecho a qualesquier personas de qualquier estado, preeminencia, y dignidad que fuessen. Y por qualesquier causas, y

de las minas

razones, assi de por vida, y a tiempo, y debaxo de condicion, como perpetuas, y libres, y sin condicion. Las quales todas mercedes, entendiendo la facilidad, y generalidad con que se habian hecho, y el perjuyzio que a nos, y a nuestra Corona, y patrimonio Real se habia seguido, y seguia, y el daño, e impedimento que al beneficio publico, y bien, y procomun de los nuestros subditos, y naturales habia resultado, y podria resultar. Y por otras justas causas que a ello nos movieron las revocamos, y anulamos, y dimos por ningunas. Y mandamos, que los dichos mineros estuviessen, y fuessen desde luego sin otro acto de aprehension, y possession de la dicha nuestra Corona y patrimonio, segun, y como por leyes de estos Reynos, y antiguo fuero, y derecho nos pertenecian, bien assi como si las dichas mercedes, y alguna de ellas no fueran hechas, ni concedidas, quedando solamente en su fuerza y vigor, respeto de las minas de plata, y pozos, que por las dichas personas a quien se habian concedido las dichas mercedes, o por otras en su nombre, y por su consentimiento se habian comenzado a labrar, y labraban actualmente al tiempo de la data de la dicha nuestra carta. ¶Y otrosi, fue nuestra voluntad de recompensar, y satisfazer a los Caballeros, y personas a quien se habian hecho las dichas mercedes, que assi revocamos, segun lo que visto sus titulos de mercedes, y las causas, y razones porque se hizieron, y las condiciones, y limitaciones de ellas, y lo que de su parte habian hecho, y cumplido fuesse justo y razonable: y para este efecto proveymos, y mandamos, que los que tuviessen las dichas mercedes, y pretendiessen la dicha recompensa, las presentassen dentro de un año, para que visto lo susodicho, se les diesse la recompensa que se debiesse dar. Y en la dicha pragmatica se ordenaron, y proveyeron otras cosas cerca del orden que se debia tener en lo tocante a las dichas minas. Y despues por otra nuestra pragmatica firmada de mi mano, dada en Madrid a diez y ocho dias del mes de Marzo del año passado de mil y quinientos y sesenta y tres dimos la orden que se habia de tener, y guardar en el descubrimiento, labor, y beneficio de las dichas minas, y la parte que de lo procedido de ellas se nos habia de {dar,} [fin pag. 12] {2} dar, segun mas particularmente esto y otras cosas, en las dichas pragmaticas a que nos referimos se contiene. ¶Y como quiera que la principal causa que tuvimos, y nos movio, para mandar hazer las dichas nuestras pragmaticas, fue el gran beneficio y utilidad, que assi a nos como a nuestros subditos y naturales, y bien

31

Leyes y pragmaticas

publico de estos nuestros Reynos se seguiria, y vendria del descubrimiento, labor, y beneficio de los dichos mineros de oro, y plata y azogue, y otros metales, de que estos nuestros Reynos son muy ricos y abundantes. Y que nuestra voluntad ha sido, y es, que las dichas minas y mineros se descubran, beneficien, y labren continuamente. Y por experiencia se ha visto y entendido, que lo contenido en las dichas pragmaticas, no ha sido ni es bastante para atraer a las personas que podrian tratar de esto, a que entiendan en la labor y beneficio de las minas, que al presente estan descubiertas, y busquen y descubran otras de nuevo. Porque, puesto que por las dichas nuestras leyes, y pragmaticas, y ordenanzas, estaba señalada la parte que los tales descubridores y beneficiadores han de haber, y concedidas otras preeminencias, y exempciones, y libertades: assi por parecer mucho el derecho que a nos habian de pagar, como por no estar tan declarada como fuera necessario, la orden que se habia de tener en los registros y señalamiento de las dichas minas, ni determinadas otras muchas dudas, y dificultades, de que han nacido, y ofrecidose, y podrian suceder muchos pleitos y diferencias, por temor de los quales, y de la dilacion con que en ello se ha procedido, y podria proceder por nuestros juezes y justicias, y del daño, costa, y perdida que se les ha seguido y sigue, no se ocupan ni tratan en ellas. Para remedio de lo qual mandamos a algunos del nuestro Consejo, que tratassen del orden que se podria tener para que crezca y se aumente, y no cesse la labor y beneficio de las dichas minas. Y habiendo visto lo proveido y ordenado por las dichas pragmaticas, y tratado y conferido sobre ello con personas praticas y de experiencia, y zelosos del nuestro servicio, y del bien publico, y con nos consultado. Fue acordado que debiamos hazer las ordenanzas, que de yuso iran declaradas. Las quales queremos, y ordenamos, y mandamos, que hayan y tengan fuerza, y vigor de leyes y pragmaticas sanciones, como si fuessen hechas y promulgadas en corte. Y revocamos, anulamos y da- {A 2 mos} [fin pag. 13] mos por ningunas las dichas pragmaticas y ordenanzas que hasta ahora se han hecho, para lo tocante a las dichas minas y mineros descubiertos, y por descubrir, y qualesquier leyes de ordenamiento, y partidas, y otros qualesquier derechos, y pragmaticas, y fueros, y costumbres, en quanto fueren contrarios a lo proveido, contenido, y dispuesto en estas dichas leyes y ordenanzas. Y queremos y mandamos, que en quanto a esto no tengan fuerza ni vigor alguno, y que de las dichas leyes y pragmaticas de minas, solamente quede en su fuerza y vigor la de suso referida, que trata de la incorporacion, en nuestro Real patrimonio, de los mineros de oro, plata, y azogue de estos nuestros Reynos, de que se habia hecho merced a personas particulares, por partidos y Obispados, y provincias. Por lo qual y por estas nuestras leyes y ordenanzas, y no por otras algunas queremos y mandamos, que se labren y beneficien las dichas minas, y se juzguen y determinen todos los pleitos y diferencias, que cerca las dichas minas, y de lo a ellas anexo, tocante, y concerniente sucedieren, en qualquier manera.

{2. Las partes que ha de haber su Magestad de lo que procediere de las minas.}

¶Y por hazer bien y merced a nuestros subditos, y naturales, y a otras qualesquier personas, aunque sean estrangeros de estos nuestros Reynos, que beneficaren y descubrieren qualesquier minas de plata, descubiertas y por descubrir; Queremos y mandamos, que las hayan y sean suyas propias, en possession y propiedad, y que puedan hazer y hagan de ellas, como de cosa propia suya. Guardando assi en lo que nos han de pagar por nuestro derecho, como en todo lo demas, lo dispuesto y ordenado por esta pragmatica, en la manera siguiente.

{3. De las minas de plata que acudieren a marco y medio por quintal, y dende abaxo, ha de haber su Magestad la decima parte, y lo demas queda para los que beneficiaren}

Si los metales que sacaren de las dichas minas, acudieren a razon de marco y medio, que son doze onzas por quintal de plomo, plata, y de alli abaxo; Paguen a nos la decima parte de la plata, que de la dicha mina y metales de ella se sacaren, sin que se descuente cosa alguna por razon de costas, ni en otra manera: porque todas ellas se han de quedar a cargo de las dichas personas, que labraren y descubrieren, y beneficiaren las dichas minas, y todo lo demas, sacada la dicha decima parte de la dicha plata, y lo hayan y lleven para si. {¶ En} [fin pag. 14] {3}

{4 De las minas que acudieren hasta quatro marcos, ha de haber su Magestad la quinta parte.}

¶En las minas que acudieren a mas de marco y medio por

Leyes y pragmaticas

quintal de plomo, plata, hasta quatro marcos, paguen a nos la quinta parte de la plata que se sacare, sin descontar costas, y lo demas lleven las personas que beneficiaren las dichas minas y metales, segun dicho es.

{5 De las minas de quatro marcos arriba hasta seis ha de *h*aber su Magestad la quarta parte}

¶En las minas que acudieren de quatro marcos arriba, por quintal de plomo, plata, hasta seis marcos, paguen a nos la quarta parte de la plata que se sacare, sin descontar costas, y lo demas lleven las dichas personas, segun dicho es.

{6 De las minas de seis marcos arriba ha de *h*aber su Magestad la mitad.}

¶En las minas que acudieren demas de seis marcos arriba por quintal de plomo, plata de qualquier bondad, calidad, y riqueza que sean, y llegaren a ser pensado, o no pensado, paguen a nos la mitad de la plata, que se sacare, sin descontar costas: y lo demas lleven las dichas personas, segun dicho es.

{7 De qualesquier minas de oro ha de *h*aber su Magestad la mitad de lo que acudiere.}

¶En las minas que fueren de oro de qualquier ley y calidad, y cantidad, y riqueza que fueren, y puedan ser, paguen a nos la mitad del oro que de ellas procediere, sin descontar costas algunas, y la otra mitad lleven para si las personas que lo descubrieren y beneficiaren. Y esto se entienda en qualquier genero de beneficio de minas de oro, ora proceda de minas, o denacimientos en rios, o fuera de ellos, en qualquier manera que sea.

{8 Que las minas viejas, terreros, y escoriales se labren sin perjuizio del derecho que sus dueños tuvieren.}

¶Y porque *h*ay algunas minas viejas en estos nuestros Reynos, que antes de la publicacion de la dicha nuestra pragmatica, por nos hecha en diez dias del mes de Enero, de mil y quinientos y cincuenta y nueve años, se solian labrar y beneficiar, y al presente no se labran ni benefician por sus dueños, ni actualmente las labraban al tiempo que se hizo la dicha pragmatica. Y assimismo se han descubierto y

34

de las minas

labrado despues aca algunas otras minas, y de las unas, y de las otras *h*ay sacados terreros y escoriales; Mandamos que las personas que quisieren labrar las dichas minas, y beneficiar los dichos terreros y escoriales, sin perjuizio del derecho que sus dueños tuvieren a ellas, lo puedan hazer, y de los metales que de las tales minas se sacaren, paguen lo siguiente.

{9 **De las minas que estaban desamparadas y estuvier*en* ahon*dadas diez estados de los metales de *e*llas que acudieren a dos marcos por quintal de plomo plata, y dende abaxo paguen a su Magestad la dozava parte, y si acudieren a mas, pague*n* como de las nuevas.**}

¶En las minas que antes de la publicacion de la dicha pragmatica estaban desmamparadas, que no se labran, y despues aca se han descubierto y labrado, las que estuvieren ahondadas diez estados, y dende abaxo en qualquier hondura {A3 que} [fin pag. 15] que llegue, de los metales que de *e*llas se sacaren, acudiendo a dos marcos por quintal de plomo, plata, y dende abaxo, paguen a nos de la plata que de *e*llas se sacare la dozava parte. Y si acudieren a mas de los dichos dos marcos por quintal, paguen al respeto que ha*n* de pagar de las minas que de nuevo se hallaren, como de suso va declarado, sin sacar de *e*llo costas algunas. Pero declarase que qualesquier minas viejas, o nuevas que tuvieren menos de diez estados de hondo, sean *h*abidas por minas nuevas, para que como tales paguen el derecho, por la forma y orden q*ue* esta dicho en los capitulos que tratan de las dichas minas nuevas.

{10 **De la plata q*ue* se sacare de los terreros y escoriales de minas viejas desamparadas, se pague a su Magestad la decima parte, fundiendose de por si, y si se mezclaren co*n* otros metales, se ha de pagar como de las demas minas, tenie*n*do consideracion a la fuerte del metal con que se juntare.**}

¶Y si los terreros y escoriales que tuvieren las minas referidas en el capitulo antes de *e*ste, se hundieren de por si, y no se mezclare*n* con otros metales, que despues de hechos los dichos terreros y escoriales se *h*obieren sacado, y sacare*n* de las minas, Se pague a nos la decima parte de la plata que procediere de los dichos terreros y escoria*l*es, hundiendolos como dicho es de por si. Pero si se mezclaren con otros metales, paguen de la plata que de ello procediere, conforme a como se nos ha de pagar el derecho de las demas minas, teniendo consideracion a la fuerte del metal con que se juntare.

{11 El plomo, greta, cendrada, y todo lo demas queda para los dueños de las minas con los partes que les pertenece de la plata.}

Y el plomo, greta, cendrada, y almartaga, y escobilla, y todo lo demas que de las afinaciones saliere, sacada la plata de que se nos han de pagar las partes, segun que de suso va declarado, libres de todas costas han de quedar y queden para los dueños de las dichas minas, sin que del dicho plomo, greta, cendrada, almartaga, y escobilla, se haya de pagar a nos cosa alguna, ni poner, ni ponga impedimento ni embargo en ello.

{12 Que del cobre se pague la treintena parte y del alcohol la decima, parte y del plomo pobre la veintena parte, y si el cobre tuviere oro se pague la sexta parte, y mas el derecho del cobre, y de la plata conforme a los marcos, y mas el derecho del cobre.}

Y porque del plomo pobre, que no se sufre afinar, por tener poca plata, o ninguna, y del alcohol, y del cobre, hay necessidad para beneficiar las minas de plata; Mandamos, que las minas del dicho plomo, alcohol, y cobre que hobiere, y se hallaren en partes donde no esta hecha merced de mineros y metales, se puedan buscar y beneficiar por todas las personas de suso declaradas, y que de ello nos paguen del cobre la treintena parte, y del alcohol, la decima parte, y del plomo pobre que se ha de entender de lo que no se sacare mas de quatro reales de plata por quintal, la veintena parte, todo ello libre de costas. Con tanto, que si el dicho cobre tuviere {oro,} [fin pag. 16] {4} oro, de este tal oro se nos pague la sexta parte, y mas el derecho del cobre. Y si tuviere plata, que paguen de ella la mitad del derecho, que arriba va declarado que se ha de pagar de los metales de plata, conforme a como acudiere en marcos por quintal, y mas el derecho del cobre, como dicho es.

{13 Que del derecho de la plata se pague en plata, y el del plomo pobre en planchas, y el alcohol en metal.}

Todas las quales dichas partes, que arriba se declara, que

de las minas

*h*abemos de *h*aber de todas las dichas suertes de minas nuevas, y viejas, y terreros, y escoria*l*es, se entiende que nos han de ser pagadas en plata, en las casas de afinaciones y fuslinas q*ue h*abemos de tener para las dichas afinaciones, y no en metal, ni en plomo plata, y las de plomo pobre y cobre en planchas, y las de alcohol en metal, todo ello de la suerte y bondad que estuvieren las partes que quedaren, para los dueños, y libres de todas costas.

{14 Que las minas de que han de gozar los que tiene*n* privilegios han de ser las que labraba*n* y desfrutaba*n* quatro meses antes de la pragmatica.}

Y porque segun la dicha pragmatica del año de mil y quinientos y cinquenta y nueve, que se hizo a diez de Enero de *e*l, los que tienen mercedes de minas, han de gozar de todo lo que no fuere oro, y plata, y azogue, conforme a sus privilegios. Y demas de *e*sto han de gozar de las minas de oro y plata que se *h*abian comenzado a labrar, y se labraban actualmente por ellos, o por otras personas en su nombre, antes de la dicha pragmatica. Y cerca de *e*stas palabras ha *h*abido algunas dudas, diziendo que podria acaecer *h*aberlas hallado, y comenzado a labrar un año, o dos, o mas, antes de la dicha pragmatica, y *h*aberlas dexado de labrar algun tiempo antes de la fecha de *e*lla. Por lo qual la dicha pragmatica lo excluia, por no labrarlas actualmente qua*n*do se hizo. Se declara, q*ue* las dichas minas de oro, y plata, de que han de gozar los dueños de los dichos privilegios, han de ser las que se labraban, y desfutaban al tiempo que se hizo la dicha pragmatica, y quatro meses antes de *e*lla, y no de otra manera.

{15 Que una legua de la mina de Guadalcanal, y otra de la de Cazalla, y otra de la de Arazena, y otra de la de Galaroza, no pueda nadie tomar mineros, porque esto queda para su Magestad, segun aqui se declara.}

¶Otrosi, porque en la dicha pragmatica del año de cinque*n*ta y nueve, prohibimos y mandamos, que ninguna persona pudiesse buscar, ni descubrir minas una legua alrededor de la mina de Guadalcanal, y un quarto de la de Cazalla, y otro quarto de Galaroza, y otro quarto de Arazena: porque despues se ha entendido, q*ue* conviene a nuestro servicio alargar mas los dichos terminos, del dicho quarto de legua, y declarar desde donde han de correr; Mandamos que en las dichas tres partes, y en la de Guadal- {canal} [fin pag. 17] canal, ni en cada una de ellas, no pueda ninguna, ni alguna persona tomar, ni tener mina en termino de una legua a la redonda en cada una de las dichas partes: y que las dichas leguas se entiendan y midan de esta manera. La de Guadalcanal, desde la casa que esta hecha alli, para la fabrica de las dichas minas: y la de Cazalla desde la casa que esta encima de la mina de Pero Candil: y la de Arazena desde la casa que esta hecha en la mina del cerro de los Azores: y la de Galaroza de la mina primera que se descubrio, que es cerca del lugar. Y las dichas leguas han de ser legales, de a quinze mil pies, cada pie de a tercia, medidos por la tierra. Y todas las minas que se hallaren en el distrito de ellas han de ser para nos. Pero si hasta el dia de la promulgacion de esta nuestra carta se hobieren hallado algunas minas fuera de los dichos quartos de legua, y dentro de la legua que ahora se señala, han de gozar de ellas los halladores, conforme a la dicha primera pragmatica.

{16. Que todos (aunque estan estrangeros) puedan libremente buscar minas, aunque sean en dehesas e heredades agenas; sin que se les ponga impedimento, pagando el daño a la parte}

Iten, ordenamos y mandamos, que todas y qualesquier personas, aunque sean estrangeros puedan libremente buscar minas de oro y plata, y las demas que por estas nuestras ordenanzas van declaradas, y catar y hazer todas las diligencias necessarias para el descubrir los dichos metales, en todos los dichos nuestros Reynos y señorios de la corona de Castilla (fuera de los lugares exceptados) en los campos, montes, baldios, y exidos, dehesas nuestras, y de pueblos, o de personas particulares, y en qualesquier heredades, sin que en ello por los señores de las dichas dehesas y heredades, ni por otra persona alguna se les pueda poner ni ponga impedimento ni contradicion. Y si fuere necessario cavar, y ahondar en las dichas dehesas y heredades, lo puedan hazer, con que si hizieren daño, la justicia de minas nombre dos personas de confianza, que entiendan el daño, las quales lo vean y con juramento lo declaren: y si no se conformaren en la declaracion, la dicha justicia nombre tercero, o terceros juramentados, hasta que se conformen, y lo que la mayor parte en conformidad declararen, lo manden pagar y executar por ello. Y si hallaren metal que les parezca que se debe seguir, y hizieren assiento y fabrica, y las demas cosas

de las minas

necessarias, para la labor y beneficio de la mina, o minas, y del dicho metal; las dichas dos personas vean el daño que por razon de {lo} [fin pag. 18] {5} lo susodicho, la tal dehesa o heredad hubiere recebido, o recibiere, y con justa consideracion de todo, debaxo del dicho juramento aprecien el tal daño, y la dicha justicia lo mande pagar segun dicho es.

{17. Que dentro de veinte dias despues que la mina se hallare se registre, y la forma que se ha de tener en el registro}

Iten, ordenamos y mandamos, que qualquier que descubriere mina de oro, o plata, o otros qualesquier metales, dentro de veinte dias despues que *h*obiere descubierto o hallado el metal, sea obligado de la registrar ante la justicia de minas en cuya jurisdicion estuviere la tal mina, y por ante escribano presentado el metal que *h*obiere hallado, y en el registro se declare la persona que la descubrio y registro, y la parte donde esta, y se hallo el metal que se persento: y que dentro de otros sesenta dias despues de hecho el tal registro, el que lo *h*obiere hecho sea obligado de enviar y envie un traslado autorizado del dicho registro ante nuestro administrador general si lo *h*obiere en la comarca, y si no ante el administrador que estuviere en el partido, debaxo de cuyo distrito cayere la dicha mina, para que se assiente y ponga en el libro y registro que cada uno ha de tener de las dichas minas, para que se sepa y tenga razon de todas las minas que *h*obiere, y se descubrieren, y no haziendo el dicho registro, en la forma y tiempo que esta dicho, y no guardando lo demas que dicho es, pueda otro qualquier registrar la dicha mina, y *h*aber y adquirir el derecho que el tal descubridor, o qualquiera otra persona que viniere a registrar, tuviere, haziendo el registro segun dichos es.

{18 Que las minas descubiertas y registradas hasta la publicacion de *e*stas ordenanzas se vuelvan a registrar, y el orden que en ello ha de *h*aber.}

Iten, por quanto hasta la publicacion de *e*stas nuestras ordenanzas, se han descubierto y registrado muchas minas nuevas y viejas, las quales estan ocupadas y embarazadas sin labrar se ni beneficiarse, y sin que de *e*llas se tenga entera noticia, y los registros se *h*abian hecho diferentemente; Ordenamos y mandamos, q*ue* todos los que antes de la publicacio*n* de *e*stas nuestras ordenanzas, *h*obieren descubierto y registrado minas viejas, o nuevamente halladas, sean obligados dentro de dos meses a renovar y tornar a hazer los dichos registros, segun y por la forma que en la ordenanza antes de esta esta dicho, para los que de aqui adelante se descubrieren, y dentro de otros sesenta dias sean obligados a enviar y envien los tales registros ante el dicho nuestro administrador general, se lo hobiere en la comarca, y si no ante el administrador que estuviere en el par- {tido,} [fin pag. 19] tido, debaxo de cuyo distrito cayere la dicha mina. Y si assi no lo hizieren y cumplieren, y sacaren testimonio del dicho registro, tengan perdido y pierdan el derecho que les perteneciere y pretendieren tener a la dicha mina, y que la haya la persona que hiziere las diligencias, conforme a esta nuestra pragmatica.

{19 Que los administradores de cada partido tengan libro de registros, y de seis en seis meses envien a la Contaduria mayor relacion de las minas, y de lo procedido de ellas.}

Iten ordenamos y mandamos, que los administradores de minas de cada partido, tengan libro donde se sienten todos los registros que en el distrito de cada uno se hizieren de todas las minas descubiertas, y que se descubrieren tomaren y vendieren, o en otra qualquier manera se contrataren. Y que los dichos administradores envien a la nuestra Contaduria mayor, relacion firmada de su nombre, del estado de las minas de estos nuestros Reynos, y de lo procedido de ellas, cada uno de su distrito: y que despues de haber enviado la primera relacion, de seis a seis meses la vayan enviando, de lo que en ellas hobiere sucedido y procedido.

{20 Que ninguno registre mina agena, aunque tenga derecho a ella.}

Iten, ordenamos y mandamos, que ninguna persona sea osado, de registrar ni poner en su registro mina, que no sea suya, so pena de mil ducados al que lo contrario hiziere, aplicados, la mitad para nuestra camara, y la otra mitad para el que lo denunciare, y el juez que lo sentenciare, y que demas de esto pierda el derecho que a la tal mina tuviere adquirido.

{21 Que el que registrare mina, o minas en que tuviere parte, o de compañia , declare la parte o partes que tuviere.}

de las minas

¶Iten, ordenamos y mandamos, que quando alguno registrare mina, o minas, que no sean enteramente suyas, sea obligado a declarar la parte, o partes que en ellas tuviere. Y si las tiene de compañia, la parte que el compañero, o compañeros tuvieren en la dicha mina o minas, so pena que si assi no lo hiziere, pierda la parte o partes que tuviere, y sean del compañero o compañeros, de quien dexo de manifestar la parte, o partes que tenian.

{22 **Que el primero que hallare mina, y la descubriere, registre primero y goze de la medida, y lo que se ha de hazer, si dos o mas vinieren juntos diziendo ser primeros descubridores.**}

Iten, ordenamos y mandamos, que el que primero hallare y descubriere la mina, como primero hallador y descubridor, haga primero registro, y goze de todas las pertenencias de minas, que estacare y quisiere estacar en las minas y vetas que descubriere, y hobiere descubierto. Con tanto que dentro de diez dias naturales, de como hobiere hecho registro de la dicha mina, estaque, declare y señale las pertenencias que quisiere, y goze de la medida, que a cada estacada pertenece, por todas las {per} [fin pag. 20] {6} pertenencias de estacada que señalare, como tal descubridor. Y ha de ser obligado a estacar todas las pertenencias, que como dicho es, quisiere, dentro de los dichos diez dias, como le pareciere, y estuviere mejor. Aunque alcance, y tome dentro de sus estacas la cata, o catas que los demas, que despues de el vinieren, hobieren hecho, o hizieren, con que ante todas cosas haga estaca fixa en cada pertenencia de las que assi señalare, y tomare. Los quales no pueda dexar, ni dexe, estacandose, o mejorandose, como quiera que se estacare, o mejorare, y los demas que despues de el vinieren por su orden se han de ir estacando, y mejorando, descubriendo metal; y habiendose registrado, como estan obligados, haziendo estaca fixa de todas las pertenencias que quisiere tomar, y señalar en el dicho termino de los dichos diez dias, despues de passados los primeros diez, que el primero descubridor tuvo. Porque siempre los que estacaren en una mina han de tener diez dias para correr la mina, y tomar en ella todas las pertenencias que quisieren, y hazer estaca fixa, con que no puedan revolver, ni entrar en las pertenencias, que hobieren estacado antes de el: porque siempre ha de guardar a los que primero hobieren estacado todas las pertenencias, y limites que hobieren tomado, y señalado. Y si dos vinieren, o mas,

41

Leyes y pragmaticas

a pedir estacas, breve, y sumariamente se averigue qual fue el primero que las pidio; y el que se averiguare ser primero, se prefiera a los otros, reservando su derecho a salvo al que todavia pretendiere haber pedido primero las dichas estacas.

{23 Que el descubridor tenga 160. varas en largo, y 80. en ancho, y que las pueda tomar como le estuviere mejor.}

Iten ordenamos, y mandamos, que qualquier persona, que hobiere descubierto, o descubriere mina nuevamente, y hobiere hecho registro, segun se contiene en la ordenanza antes de esta, que este tal goze de ciento y sesenta varas de medir por la vena en largo, y ochenta en ancho. Y si se quisiere estacar en las dichas ciento y sesenta varas, y ochenta, atravesando la vena, lo pueda hazer, y haga, como mas viere que le conviene. Y declarase, que despues de haber señalado el primero descubridor de una mina dentro de los dichas diez dias, que para ello se le dan las pertenencias que hobiere tomado, ninguna persona pueda pedir estaca, ni tomarlas hasta passados otros diez dias, para poderse determinar las pertenencias que quisiere tomar, como primero descubridor, con tanto que {no} [fin pag. 21] no dexe la estaca fixa, y con que sea sin perjuyzio del tercero, o terceros que hobiere a los lados, y que tuvieren minas hechas, y registradas antes que el. Y los que despues del primero descubridor hobieren tomado minas, o dende en adelante las tomaren, vayan tomando, y haziendo sus minas, y pertenencias, y cada mina de las que despues del dicho primero descubridor se ha de tomar, ha de tener ciento y veinte varas de largo, y sesenta de ancho: las quales puedan tomar, atravesando la vena, o como mejor les estuviere, con que no sea no dexando la estaca fixa, y sin perjuyzio de tercero.

{24. La forma que se ha de tener en el hazer, y dar estacas.}

Iten ordenamos, y mandamos, que si alguna persona viniere a pedir estacas al primero descubridor, o a los demas que estuvieren por estacar, despues de haber registrado sus minas, assi en las minas que hasta agora estan descubiertas, como en las que de aqui adelante se descubrieren, el dicho primero descubridor, y los demas sean tenidos, y obligados a darles las dichas estacas dentro de diez dias, desde el dia que se le pidieren, estando en las minas; y si no se las diere, passado el dicho termino, la justicia de minas, que de estas cosas ha de conocer, conforme a estas nuestras ordenazas, llevando consigo personas que sepan estacar minas; y juramentado para ello de las dichas estacas. Y no hallandose en las minas la persona a quien se pidieren, estando en la comarca hasta diez leguas de las dichas minas, sea obligado a darlas dentro de quinze dias: y si no las diere passados los dichos quinze dias, se las de la dicha justicia, como dicho es: y no estando en la comarca de las dichas minas, ni diez leguas, se notifique a su mayordomo, o persona que tuviere cargo, de la labor, y beneficio de sus minas, o en su casa, si la tuviere, y se de pregon publico en un dia de fiesta el primero que viniere, y corra el termino de los dichos quinze dias desde el dia de la notificacion que se hiziere al dicho Mayordomo, o persona, o en su casa. Y el dicho pregon se fixe en la puerta de la Iglesia de las dichas minas; y no habiendo Iglesia en ellas, en la del pueblo mas cercano. Y passado el dicho termino de los quinze dias, la dicha justicia de las dichas estacas, como esta dicho, teniendo atencion en el darlas, que siempre ha de haber estaca fixa: la qual se ha de guardar, y no se ha de desamparar en el estacarse, y mejorarse. {Iten,} [fin pag. 22] {7}

{25 Lo que se ha de hazer quando dos, o mas, concurrieren a pedir estacas.}

Iten, ordenamos y mandamos, que si concurrieren a pedir estacas, al tal primero descubridor, o a los demas que estuvieren por estacar a un tiempo dos personas, o mas, que tengan minas por todas partes en el contorno de la mina: a la qual se pidieren las dichas estacas, que en tal caso por los registros se averigue qual se ha de estacar primero, y qual segundo, y assi sucessivamente se vayan estacando, guardando la medida, y todo lo demas contenido en estas nuestras ordenanzas.

{26 Que en el estacar se haga quadra, y derecera por angulos rectos y que en la quadra entre la estaca fixa.}

Item, ordenamos y mandamos, que cada y quando que las dichas estacas se pidieren, y se dieren, segun dicho es, en el estacar se guarde y haga quadra y derecera por angulos rectos: y que en la dicha quadra entre, y no quede fuera la dicha estaca fixa, tomando cada uno las varas que debe tomar, por donde quisiere y bien visto le fuere en la forma dicha y delarada.

Leyes y pragmaticas

{27 Que los que estacaren hagan hoyos donde pongan las estacas, y no las muden, sino fuere en los casos permitidos.}

Item, porque podria acaecer que quando entre dos, o mas personas, estan hechas estacas fixas, el que vee que le esta bien, saca de su lugar la estaca, o estacas que le parece, y las muda a otra parte a su proposito, de que podrian suceder algunos pleitos. Declaramos y mandamos, que quando alguno pidiere estacas a otro, y se las diere, o quisieire estacar su mina sin que se lo pidan, que en la parte donde hiziere las estacas fixas para con sus vezinos, sea obigado a hazer hoyos para cada una de las dichas estacas, de dos varas de medir en hondo, y una en ancho. Y en medio de cada uno de los dichos hoyos ponga la estaca, y no la pueda mudar, sino fuere en los casos, que conforme a estas ordenanzas se puede mejorar. Y la estaca, o estacas, que assi hizieren, sean habidas por pertenencias entre el que las hiziere, y los dichos sus vezinos. Lo qual assi hagan y cumplan, so pena de perder el derecho que tuvieren a la dicha mina, y que qualquier otro la pueda pedir y registrar por suya.

{28 Que el estuviere estacado se pueda mejorar con el que de nuevo le pidiere estacas.}

Item, declaramos y mandamos, que ya que uno a quien fueren pedidas estacas, este estacado: si viniere otro de nuevo a le pedir estacas por otra parte de su mina, que este tal se pueda mejorar con el que nuevamente le pide las dichas estacas, siendo sin perjuyzio de las estacas, que tiene dadas; y con que no dexe fuera su estaca fixa.

{29 Quando se podran mejorar las estacas, y las diligencias que cerca de ello se han de hazer.}

Item, ordenamos y mandamos, que aunque uno tenga hechas estacas con otro, por alguna parte de su mina, si este tal, antes que por otro, o otros se le pidan estacas por otra parte, donde no las tuviere hechas y {B dadas} [fin pag. 23] dadas, quisiere mejorar su mina, lo pueda hazer. Con tanto que vaya ante la justicia, que de estas cosas ha de conocer, a manifestar las nuevas estacas, y la mejora que haze en la dicha su mina. Y la dicha justicia admita la tal mejora, y se assiente en la margen del registro, que hobiere hecho de la tal mina, con que sea sin perjuyzio de tercero, como dicho es: y dexando dentro de su pertenencia su estaca fixa: y las demasias que dexare entre su

de las minas

mina, y la del vezino con quien tiene hechas estacas fixas, se den al primero que las pidiere. Y si el vezino fuere el primero las pueda tomar, con tanto que tenga cumplimiento de una mina, con las mejoras que toma, y que no dexe fuera su estaca fixa: y que manifieste assimismo ante la dicha justicia la dicha mejora, para que se assiente el dicho registro.

{30 Lo que se ha de hazer si la mina saliere de la estacada, y el metal q*ue* juntare con mina de otro}

Item, ordenamos y mandamos, que si alguna mina saliere de la estacada, o limite, que conforme a estas pragmaticas le pertenece, assi de lo largo, como de lo ancho, y el metal de *e*lla se juntare con el metal de la mina de otro, y ambas minas vinier*en* por el hondo a ser una. El minero que primero *h*obiere ahondado, y llegare a juntarse con mina de otro, goze y pueda gozar del metal que sacare, hasta que el dueño de la otra mina le venga a alcanzar con la labor de la suya. Y entonces pueda pedir al que se *h*obiere anticipado, que mida sus estacas: y hallandose que esta en la pertenencia y estacas del otro, ha de salir y desocupar y dexar la vena del minero, en cuya pertenencia se *h*obiere entrado, y todo el metal que *h*obiere sacado de la pertenencia agena hasta entonces, sea de *e*l que lo *h*obiere sacado, sin que sea obligado a darlo al otro, por quanto lo adquirio y gano por la diligencia y cuidado que puso en ahondar mas que su vezino. Pero si alguna persona *h*obiere tomado estacas junto a la mina del otro, ora sea en lo largo, ora en ancho, que no tuviere vena: y en caso que la *h*aya, no llevando metal ni aparencia de *e*l, y lo labrare solo con intento de aprovecharse del metal de su vezino, quando viniere a ponerse debaxo de sus estacas. Ma*n*damos, que este tal no pueda adquirir, ni adquiera ningun derecho, aunque el metal de su vezino entrasse debaxo de su pertenencia: y que los nuestros juezes y justicias de minas lo determinen assi: y no consientan ni permitan que semejantes minas, sin vena ni metal se labren.

{31 Que el primero hallador y descubridor de minas pueda tomar las estacas y pertene*n*cias q*ue* quisiere.}

Item, ordenamos y mandamos, que el primero hallador y descubridor de las dichas minas, pueda tomar todas las esta- {cas} [fin pag. 24] {8} cas y pertenencias que quisiere, guardando en ello lo

45

contenido en las ordenanzas que de esto tratan. Y assimismo pueda tener y posseer todas quantas minas y pertenencias comprare, o heredare, o le pertenecieren por qualquier titulo o causa.

{32 Que ninguno pueda tomar mina para otro, sino fuere con poder, o siendo criado salariado.}

Iten, ordenamos y mandamos, que ninguna persona de qualquier condicion que sea pueda tomar mina por otro, si no fuere con poder, o siendo criado que gane salario de la tal persona, por quien tomare la dicha mina. Y faltando qualquier de estas cosas, la tenga perdida, y sea de la persona que la denunciare, y el juez le de luego possession de ella al tal denunciador, sin que le quede recurso alguno a la persona en cuyo nombre tomo la dicha mina, ni al que la tomo.

{33 Que ningun mayordomo ni criado pueda tomar ni mudar estacas.}

Iten, ordenamos y mandamos, que ningun mayordomo que entendiere en la labor y beneficio de las dichas minas, ni otra persona que viviere con señor de minas, aunque tenga sus minas y gente a cargo pueda mudar las estacas que tuviere hechas su amo sin su licencia y facultad, aunque le pidan las dichas estacas, y si las mudare, o las diere de nuevo que no valga ni pare perjuizio a la persona cuya fuere la tal mina.

{34 Que el mayordomo que tomare mina pueda pedir y dar estacas, pero que venido su amo no pueda hazerlo, ni mudar las que su amo dexare hechas.}

¶Iten, ordenamos y mandamos, que quando el tal mayordomo que tuviere a cargo algunas minas, o hazienda, tomare mina, o la descubriere, el tal mayordomo pueda estacar la mina, o minas que assi tomare, y dar estacas a quien se lo pidiere, hasta tanto que su amo venga a visitar las tales minas: pero que venido el dicho su amo, y señor de la tal mina, o minas, no pueda pedir ni dar mas estacas: y las que el dicho su amo hiziere, o dexare hechas, no las pueda mudar el dicho mayordomo o criado, sin facultad de su amo.

{35 Que en las minas descubiertas y que se descubrieren, sean

de las minas

todos obligados a ahondar una de las catas tres estados.}

¶Iten, ordenamos y mandamos, que todas y qualesquier personas que tuvieren, tomaren y adquirieren minas, assi en las descubiertas, como en las que de aqui adelante se descubrieren, sean obligados dentro de tres meses, que corran desde el dia que registraren las dichas minas, a ahondar en las minas nuevas una de las catas que dieren en ellas, y en las viejas uno de los pozos que tuvieren vena, o metal, tres estados, cada estado de siete tercias de vara de medir, so pena que si no las ahondaren y tuvieren ahondados los dichos tres {B2 esta-} [fin pag. 25] estados, passados los dichos tres meses las hayan perdido, y pierdan, y sean de el que lo denunciare: y la justicia de nuestras minas meta luego en la possession al tal denunicador, con el mismo cargo de ahondar los dichos tres estados en el dicho termino, sin embargo de qualquier apelacion, nulidad, o agravio que de ello se interponga.

{36 Que quando por algun caso, o por ir en seguimiento del metal no se pudiere ahondar la mina, no incurra en la pena, dando noticia al admistrador general, o del partido.}

¶Iten, por quanto en el capitulo antes de este, y por otras algunas de estas nuestras ordenanzas se provee y manda, que las personas que tomaren y tuvieren minas, o las compraren, o en otra qualquier manera las hobieren, sean obligados a ahondar las dichas minas, segun que en las dichas ordenanzas se contiene. Y porque nuestra intencion y voluntad es de quitar pleitos y diferencias, y de obviar malicias: declaramos y mandamos que se entienda ser obligados a ahondar las dichas catas y pozos, y incurrir en las penas de las dichas ordenanzas, pudiendolas ahondar: pero si por algun caso fortuito, o por que convenga mas ir en seguimiento del metal por acostarse a alguna parte, como muchas vezes acaece, y no por culpa suya las dexan de ahondar, y las fueren labrando como mas conviniere y fuere provechoso que no caigan ni incurran en las dichas penas, con que quando lo tal acaeciere sean obligados a dar noticia de ello al administrador del partido en cuyo distrito estuviere la dicha mina, para que se averigue, como por el dicho caso, o por razon de ir en seguimiento del dicho metal, y no por su culpa, se dexa de cumplir lo contenido en las dichas ordenanzas, sobre lo qual hecha la dicha averiguacion, el dicho administrador declare y provea lo que

Leyes y pragmaticas

convenga: de manera que habiendo cessado el inconveniente las dichas minas se ahonden, segun que por las dichas ordenanzas se manda.

{37 Que las minas esten pobladas con quatro personas cada una, so pena de tenerlas perdidas.}

¶Iten, por quanto fue le acaecer que algunas personas tienen muchas minas tomadas, halladas, o compradas, o habidas en otra qualquier manera, y no las labran ni benfician, o porque no pueden, o por labrar las que tienen por mejores, y assi dexan de ahondar las que no se labran, y descubrir y sacar metales de ellas, y algunas vezes mejores que los que sacan de las que se siguen: y tambien las dichas minas que dexan por labrarse hinchen de {agua} [fin pag. 26] {9} agua, y hazen daño a las otras minas vezinas y comarcanas que se labran y van mas hondas que ellas: por tanto para que cessen estos inconvenientes, y otros que de no labrarse se siguen y podrian seguir; Ordenamos y mandamos, que todos sean obligados a tener sus minas pobladas por lo menos con quatro personas cada una mina o pertenencia, ahora sean señores enteramente de las dichas minas, o las tengan en compañia, porque de qualquier manera que sea con las dichas quatro personas en cada mina, en toda la pertenencia de ella se cumple, para que sea visto tener pobladas las dichas minas. Las quales dichas quatro personas entiendan en la labor de la mina donde poblaren, sacando agua o metal, o haziendo otro qualquier beneficio, dentro o fuera de ella, so pena que qualquier mina que no estuviere poblada, y beneficandose con las dichas quatro personas, segun dicho es, tiempo de quatro meses continuos, por el mismo caso la haya perdido y pierda la persona cuya fuere, y dende en adelante no tenga derecho ninguno a ella, sino fuere haziendo de nuevo registro de ella, y las demas diligencias, conforme a estas ordenanzas: y la dicha mina se adjudique al que la denunciare por despoblada, con que haga las dichas diligencias. Pero que si por algun justo impedimento, que se entiende guerra, mortandad, o hambre, que hubiere en la parte y lugar, en cuya jurisdicion estuviere la dicha mina, y veinte leguas alrededor, no se pudiere tener poblada, con los dichos quatro hombres, en estos casos no corra el termino de los dichos quatro meses, pero aunque los haya fuera de la dicha jurisdicion en cuyo distrito cayere la tal mina, y de las dichas veinte leguas alrededor, no le escuse para dexar de tenerla poblada, como, y so las penas en esta nuestra ordenanza contenidas.

{38 La forma que se ha de tener, y las diligencias que se han de hazer para pronunciar una mina por despoblada.}

¶Iten, ordenamos y mandamos, que para que alguna mina se haya de pronunciar y declarar por despoblada la persona que la viniere a denunciar parezca ante la justicia de minas, y haga la denunciacion, declarando en ella la mina, cerro, o parte donde esta, y a cuyas estacas si las hobiere, y el estado en que esta de hondo, y si tiene metal, o no: y dentro de quarenta dias citada la parte pudiendo ser habido en persona, o {B3 en} [fin pag. 27] en su casa, si la tuviere en las minas donde acaeciere, o en la comarca, si comodamente se pudiere hazer, diziendolo, o haziendolo saber a su muger, o criados, o al vezino o vezinos mas cercanos, de manera que pueda venir a su noticia: y no pudiendo ser habido en la comarca, no teniendo casa, segun dicho es, por edictos y pregones en la forma que adelante se dira, se averiede haber estado la dicha mina despoblada los dichos quatro meses, y dentro de quarenta dias, que corran desde el dia que se hiziere la dicha denunciacion, ambas partes puedan alegar y probar lo que les conviniere. Y con lo que en el dicho termino se hiziere sin otra conclusion ni prorrogacion alguna se determine la causa: y si se pronunciare la dicha mina por despoblada, como tal se adjudique al dicho denunciador, y se le de luego la possession de ella, sin embargo de qualquier apelacion, nulidad, o agravio, que de lo que assi se pronunciare, se interponga: con que la tal persona a quien la dicha mina se adjudicare, sea obligado dentro de tres meses de ahondar la cata, o pozo de ella que le pareciere, y ponerla tres estados mas honda de lo que estaba al tiempo que hizo la dicha denunciacion, y para ello se mida, por ante nuestro juez de minas. Lo qual haga y cumpla so pena de perderla y que se adjudique al que la denunciare con la misma obligacion, y so la misma pena: y con que tenga cuenta y razon por libro, con dia, mes, y año del metal y plata que de la dicha mina se sacare, y de las costas y gastos que en la labor y beneficio se hizieren, y que de fianzas de mil ducados, para que si en grado de apelacion fuere vencido, y se le mandare dar la cuenta con pago de ello la pueda dar, y de: y si qualquiera de las partes se tuviere por agraviado, dentro de tercero dia pueda apelar, y con lo que dentro de sesenta dias, contados desde el dia de la pronunciacion de la sentencia ambas partes dixeren, alegaren, y probaren sin otra conclusion, ni prorrogacion alguna, se determine y haga justicia. Y lo que assi se determinare se guarde y execute, sin que de ello haya, ni se admita apelacion, ni suplicacion, nulidad, ni agravio, ni otro remedio alguno.

{39 Las diligencias que se han de hazer para pronunciar una mina por despoblada, o desamparada.}

Iten, ordenamos y mandamos, que si acaesciere denunciarse alguna mina por despoblada que no parezca tener {due-} [fin pag. 28] {10} dueño, o si lo tuviere que este ausente sin que se sepa donde esta, o que este en parte que no se pueda hazer la notificacion, segun se contiene en la ordenanza antes de esta, que la dicha justicia en un dia de Domingo saliendo de Missa de la Iglesia de las tales minas, o no habiendo Iglesia en ellas, en el pueblo mas cercano, donde por lo menos esten ocho personas presentes, haga pregonar publicamente la dicha denunciacion, para que se sepa, y se pueda dar noticia de ella a la persona cuya fuere, o a quien pudiere responder por el, para que si quisiere salga a la defensa. Y hecho el tal pregon se fixe un traslado de el en la puerta principal de la tal Iglesia donde este publicamente, y el dicho pregon se de otros dos Domingos siguientes, de manera que por todos sean tres pregones en tres Domingos, y se fixen los traslados de ellos como dicho es. Lo qual valga y sea habido por bastante citacion, como si en persona se hiziera: y si en el termino de los dichos tres pregones, o en los dias que faltaren, desde que se comenzaren a dar hasta cumplimiento a quarenta dias pareciere dueño o persona que pueda contradezir la dicha denunciacion, oidas las partes conforme a la ordenanza antes de esta se haga justicia, y no pareciendo en el termino de los dichos quarenta dias passados los pregones, el dicho denunciador de informacion de como la dicha mina ha estado despoblada el dicho tiempo de los quatro meses, y dada passados los dichos quarenta dias se pronuncie por tal, y se adjudique al dicho denunciador, y se le de la possession de ella, con que sea obligado a la ahondar tres estados, conforme a las dichas ordenanzas, y so la pena de ellas: y si passados los dichos quarenta dias, dentro de los tres dias en que pueda apelar pareciere dueño, o persona que tenga poder, pueda apelar, y conforme a la dicha ordenanza se haga justicia.

de las minas

{40 **Lo que se ha de hazer qua*n*do alguna mina de las aguas que de otra, o otras minas le vinieren, recibiere daño, y se aguare.**}

Iten, por*que* podria acaecer, que algunas minas de las aguas que corren de las minas vezinas, y comarcanas, que no estan tan hondas como ellas, se aguassen, de cuya causa la labor, y beneficio de las tales minas mas hondas parasse, y los dueños de *e*llas por esta razon recibiessen daño: mandamos al nuestro administrador general, y a *e*l del partido, y a cada uno, y qualquier de *e*llos, que tenga*n* especial cuydado de vi- {sitar} [fin pag. 29] sitar las dichas minas, y de dar orden, como todas anden limpias, y desaguadas, y se labren, y beneficien: y si alguna mina recibiere daño de las aguas de otra, o de otras, el dicho nuestro administrador general, o el del partido, pidiendolo la parte, lo vea, y haga que dos personas nombradas por las partes, y juramentadas en su presencia; y con su parecer vean, y averiguen el daño, y la costa, que la tal mina tenga de limpiarse, y desaguarse: y lo que se averiguare, la justicia de minas lo mande pagar, de manera que el daño cesse para se poder labrar, y beneficiar, y se desagravie a la persona que lo recibio.

{41. **Que las minas vayan limpias, y bien labradas, y ademadas.**}

Iten, ordenamos, y mandamos, que todas las personas q*ue* tuvieren, labraren, o beneficiaren mina, o minas, sean obligados a las llevar limpias, y ademadas: de manera q*ue* no se hundan, ni cieguen, dexando en las que fueren de ley de marco y medio, por quintal de plomo plata abaxo las puentes, fuerzas, y testeros que convengan para la seguridad, y perpetuidad de *e*llas, y las que fueren de mas ley, han de quedar demas de lo dicho muy bien ademadas, y asseguradas con buenas maderas: y hazie*n*do lo contrario la justicia de la dicha mina lo haga hazer a su costa; y para que esto se haga, y cumpla, assi el nuestro administrador general, o el del partido ha de tener, y tenga especial cuydado de visitar, y hazer ver las dichas minas, llevando consigo personas que lo entiendan, para que provea lo que fuere menester, segun esta dicho en esta ordenanza, y en la antes de *e*lla.

{42. **Que no se puedan vender, ni co*n*tratar minas, sino fuere *h*abiendolas aho*n*dado tres estados.**}

Iten, por*que* podria acaecer, que algunas personas de las que toma*n* minas sin las labrar, ni saber si tienen metal, las venden, o

51

contratan, y tornan a tomar otras para el mismo efecto: de lo qual se seguirian algunos inconvenientes; y para los evitar, mandamos, que ninguno pueda vender, ni contratar, ni comprar mina alguna, sino estuviere ahondada, y puesta, a lo menos en tres estados, so pena de perder lo que por ella se le diere, aplicado segun de suso esta dicho. Y demas que la dicha mina se pierda, y sea para el denunciador con el mismo cargo de ponerla en los dichos tres estados: y si la mina que se vendiere, o contratare, se hubiere ahondado los dichos tres estados para que la dicha venta, o contratacion se pueda hazer libremente, el que la {com-} [fin pag. 30] {11} comprare sea obligado a dar noticia de ello a la dicha justicia, para que se ponga en el libro de los registros, y ha de enviar el testimonio de ello el dicho administrador del partido para que se assiente en el libro, y sepa de quien se ha de cobrar el partido: lo qual haga y cumpla so la dicha pena, y lo mismo si por qualquier otra causa hobiere mudanza en el dueño de la dicha mina.

{43 Que en la mina que fuere de compañia teniendo metal sean obligados a tener entre todos los compañeros hasta doze personas.}

Iten, ordenamos y mandamos, que quando dos o mas tuvieren de compañia una mina para labrar y sacar metal de ella, pidiendo qualquier de los compañeros que los otros metan gente, sean obligados a meter entre todos doze personas habiendo metal para ello, y pudiendose labrar buenamente, y si no, las que pudieren andar conforme a la disposicion y metal que hobiere en la dicha mina: y el que no metiere la parte que le cupiere siendo requerido, el juez de la mina haga ver y vea la disposicion de la dicha mina, y meta la gente a costa de los dueños de la mina que estuviere obligado el compañero a meter a cumplimiento de doze personas, porque por razon de estas diferencias no cesse la labor de las dichas minas.

{44 Lo que se ha de hazer y guardar, quando en la mina de compañia alguno de los compañeros quisiere meter mas gente de las doze personas.}

Iten, ordenamos y mandamos, que si algunos de los compañeros quisieren meter mas gente de las dichas doze personas para labrar la dicha mina lo puedan hazer con tanto que de noticia de *e*llo al compañero, o compañeros, para q*ue* si quiere que se meta mas gente se haga, y si no les diere noticia, pierda el metal que sacare, y sea para los dichos compañeros. Y si *h*abiendoles dado noticia no quisieren meter mas gente, no sean obligados a ello, porque con meter hasta las dichas doze personas entre todos los compañeros cumpla*n*, y si todavia alguno de los compañeros quisiere meter mas gente, dando noticia, como dicho es, sea obligado a darles su parte del metal que se sacare, como si la gente que el metiere demasiada, y que sacare el dicho metal se metiesse por todos, y la dicha justicia le compela a ello.

{45 **Como se ha de partir el metal entre los compañeros, y que hasta que se parta ninguno se aproveche de *e*l, y que si se hundiere junto, se lleve junto a afinar.**}

Iten, que el metal que se sacare de las minas que fueren de compañia, si no lo quisieren hundir todo junto de compañia, para partirlo despues de fundido y afinado entre ellos, conforme a la parte que cada uno tuviere en la mina lo partan en metal igualmente, conforme a las dichas partes {y que} [fin pag. 31] y que hasta tanto que se parta este todo junto en lugar seguro, y ninguno sea osado de tomar cosa alguna de *e*l, so pena de perder la parte que tuviere, y sea para el otro compañero, o compañeros, y mas otro tanto como el valor de la dicha parte, la mitad para nuestra Camara, y la otra mitad para el denunciador y juez: y si de co*m*pañia lo fundieren se meta assi en la afinacio*n*, para que de alli se de a cada uno lo que le perteneciere, so la pena de los que no llevaren a afinar el metal que *h*obieren fundido, y sin afinarlo lo vendieren y contrataren.

{46 **Que no echen la tierra que se sacare de las minas en perjuizio de tercero, y que se pueda sacar por pertenencia agena co*n* que se eche fuera.**}

Iten, ordenamos y mandamos, que ninguna persona para labrar y desmontar su mina pueda echar en mina ni en pertenencia agena la tierra que se sacare de la dicha su mina, so pena de diez ducados por cada vez que lo hiziere, aplicados segun dicho es. Y la justicia de minas luego que se lo pida la parte, haga sacar y limpiar la tierra de la tal pertenencia a costa de *e*l que la echo, o mando echar, sin embargo de qualquier apelacion, nulidad, o agravio que de *e*llo se

Leyes y pragmaticas

interponga, pero permitese que cada uno pueda sacar la tierra de su mina por qualquier pertenencia, con que la dicha tierra se eche fuera de la tal pertenencia.

{**47 El orden que se ha de tener en el tomar de los lavaderos, y de que medida ha de ser cada uno.**}

Iten, ordenamos y mandamos, que el tomar de los lavaderos que fueren necessarios para lavar los metales de las dichas minas sea en la parte que mas convenga a los mineros, con tanto que siendo en perjuizio de algun pueblo, o de los ganados, y no pudiendose hazer sin el tal perjuizio se saque el agua del rio, o arroyo, a estanques adonde se laven los dichos metales, y con que los desaguen sin que vuelvan al dicho rio, o arroyo: y si esto no se pudiere hazer, se hagan setos o corrales, a costa de los que los tales lavaderos hizieren: y para la provision y determinacion de esto la justicia de la mina en cuyo distrito se hizieren los dichos lavaderos, haga cumplir lo susodicho: de manera que se escuse el daño, y en el tomar de los dichos lavaderos se vayan estacando por la orden que las dichas minas, y sea la medida de sesenta pies en largo, cada pie de a tercia, y doze en ancho para cada lavadero: pero si los lavaderos se hizieren con el agua que se saca de las minas, sin sacarla de rio, ni arroyo, no sea obligado a ninguna cosa de las de suso referidas, sino a hazerlos donde le pareciere {cer-} [fin pag. 32] {12} cerca de la mina, o fabrica, donde se fundieren los metales.

{**48 Que no entren a beneficiar metal en terrero, ni lavadero, ni escorial ageno; pero que se puedan aprovechar de los escoriales antiguos.**}

Iten, ordenamos y mandamos, que ninguna persona sea osada a entrar a buscar, ni sacar, ni beneficiar metal en terrero, ni lavadero, ni escorial ageno, que tenga dueño conocido, so pena de diez ducados, por la primera vez, y por la segunda, veinte aplicados segun de suso, y por la tercera, demas de los dichos veinte ducados aplicados como dicho es, sea desterrado por tres años precisos de las minas de aquel partido: y no lo quebrante so pena de cumplirlo doblado. Y mas que todo lo que hobiere sacado y sacare sea, para el dueño del dicho terrero, o lavadero, o escorial. Pero bien permitimos, que de los escoriales antiguos procedidos de metales de plata, cobre, hierro, y otros metales que no tienen dueño, por haberse hecho mucho tiempo ha, de los quales hay muchos en estos nuestros Reynos se puedan aprovechar las personas que labraren minas, porque tenemos relacion que son buenos y necessarios para las fundiciones de los metales: los quales mandamos, que los puedan sacar qualesquier mineros, de qualesquier partes donde estuvieren, y aprovecharse de ellos, sin que ninguna persona se lo pueda impedir, diziendo, que son en sus dehesas, o terminos, o que los han registrado, o por otra qualquier causa, o razon que sea, no pareciendo el dueño que los hizo.

{49 Que para beneficiar las minas se aprovechen de los montes y terminos, y dehesas, guardando lo que aqui se manda.}

Iten, ordenamos y mandamos, que para beneficiar las dichas minas, y para ademarlas, y conservarlas, y hazer ingenios, edificios, y chozas, y todas las otras cosas necessarias para el beneficio y sustento de ellas se puedan aprovechar, y aprovechen los señores de las dichas minas, y personas que en ellas anduvieren de todos los montes y terminos comunes, concegiles, y baldios mas cercanos a las dichas minas, y de la leña, fuste, y cepas de ellos, y puedan cortar lo seco por el pie, sin pagar por ello cosa alguna. Y assimismo se puedan aprovechar para lo susodicho de la leña, fuste, y cepas, y cortar lo seco por el pie, en las dehesas de particulares, y concejos que estuvieren mas cercanas a las dichas minas, pogando por lo que assi cortaren en las dichas dehesas, lo que justamente valiere: lo qual haya de tassar, y tasse el juez de minas del partido, citando a la persona, o concejo cuya fuere la tal dehesa. Y en quanto a la madera y rama verde, assimismo la puedan cortar en los dichos montes publicos y concegiles, lo que fuere necessario para la fabrica, e ingenios: y para ademarlas, y sustentar las dichas minas, sin pagar por ello cosa alguna, precediendo licencia para {ello} [fin pag. 33] ello del Administrador de las minas de aquel partido, y no de otra manera. Y si en los dichos montes publicos y concegiles no hobiere la madera verde que fuere necessaria para lo susodicho, la puedan cortar en las dichas dehessas de concejos y particulares, precediendo como dicho es para ello licencia, del dicho administrador, y citando ante todas cosas a los concejos y personas cuyas fueren las dichas dehessas, o a quien las tuviere a su cargo, para que se halle presente a lo que assi se mandare cortar. Y el dicho administrador tenga particular cuydado de no dar las dichas licencias, sino tan solamente para lo que fuere necessario para la labor y sustento de las dichas minas, y no mas; y que sea con el menor perjuyzio y daño de los dichos montes y dehessas que ser pueda. Y aunque mandamos se citen las partes para el cortar de la dicha madera verde el dicho administrador pueda executar lo que assi le pareciere que se debe cortar, sin embargo de qualquiera contradicion que sobre ello haya, por el mucho daño que se podria seguir en la labor y fabrica de las dichas minas de la dilacion que en esto hobiesse.

{50 Que los mineros y sus criados traigan las bestias que fueren necessarias para las minas en las dehessas, y prados, como si fuessen vezinos y si fueren dehesas de particulares paguen el herbaje como los demas ganados; y que andando a catar pueda traer cada uno una bestia sin pagar herbaje.}

Item, ordenamos, y mandamos que todos los dichos señores de minas, y las personas que las labraren y beneficiaren, puedan libremente traer en las dichas dehessas, prados, y exidos, terminos, o montes publicos, y concegiles que estuvieren cerca de las dichas minas, e assiento de ellas todos los bueyes y bestias suyas, y de sus criados que sean menester para el beneficio de las dichas minas, assi para ingenios, como para acarretos, y requas, y bestias de silla, y bueyes para carretas que traxeren provision, o madera, o otras cosas a las dichas minas, y assientos, y fabricas, con tanto, que si fueren dehessas de concejos, o particulares paguen el herbaje y pasto, como lo pagan los demas ganados, y los que anduvieren a buscar y catar minas, o hazer traviesas para las buscar puedan llevar, una bestia cada uno sin que a este tal, por la yerba que paciere se le lleve cosa alguna.

{51 Que los mineros y sus criados puedan cazar y pescar tres leguas alrededor de las minas guardando las pragmaticas.}

Item ordenamos y mandamos que todos los dueños de las dichas minas, y sus criados, y personas que entendieren en el beneficio de las dichas minas y metales de ellas puedan cazar y pescar libremente tres leguas alrededor de donde estuvieren los dichos assientos de las minas en que residieren, como lo podrian hazer si fueran vezinos de los lugares que estuvieren en las dichas tres leguas, y guardando las leyes y pragmaticas de estos Reynos que sobre ello

de las minas

disponen. {Item} [fin pag. 34] {13}

{52. Que los señores de las minas pueda*n* hazer los assientos y fundiciones do*n*de quisieren aunque sea en sitio d*i*fere*n*te de las minas.}

Iten, ordenamos y mandamos, que en qualesquier partes, y lugares en que se hubieren descubierto, y de aqui adelante se de descubriere*n* minas, los señores de *e*llas pueda*n* hazer y hagan los assie*n*tos, casas, y ingenios de fundicion, hornos, buytrones, fuslinas, y todas las demas cosas necessarias para la labor, beneficio y fundicion y afinacion de las minas y metales ado*n*de, y como y de la forma, y manera q*ue* quisieren aunq*ue* sea en sitio diferente de *e*l de las minas: con tanto q*ue* si todos los dueños de una mina quisieren y pudieren hazar juntos, y co*n*gregados los dichos edificios, el administrador general, o el del partido, te*n*ga especial cuydado de que assi se haga, y cu*m*pla, si sin daño y perjuyzio de los señores de los dichos mineros, y metales se pudiere hazer. Y si para q*ue* mejor se haga la fundicion, y afinacion de los metales; quisieren los señores de las minas, o qualquier de *e*llos hazer sus assientos, y hornos de fundicion y afinacio*n* en partes donde *h*aya rios, o arroyos para traer con el agua los fuelles, lo puedan hazer, y aprovecharse para este efe*c*to de los dichos rios, y arroyos, libremente en la parte y lugar que mas acomodo, y a menos costa les viniere, y ellos quisieren, sie*n*do sin perjuyzio de tercero pagando el sitio que ocuparen: el qual se ha de moderar, y apreciar por dos personas que nombrare el juez de minas del partido. Y para que no *h*aya fraude en los plomos, q*ue* saliere*n* de las fundiciones, ma*n*damos, que cada uno de los dichos señores de minas tenga una marca de hierro con que marque, y señale las planchas de plomo plata, y otras qualesquier que de su mina y metales procedieren, y que sin la dicha marca no se pueda llevar a afinar, ni se afine.

{53. Que nadie funda sino fuere en su horno, y si quisiere fundir en horno ageno sea con lice*n*cia.}

Iten, ordenamos y mandamos, que ninguna persona sea osado de fundir ningun metal sino fuere en los hornos, que fueren suyos, salvo si los tuvieren hechos de compañia: y si alguno quisiere fundir en otro horno, por no tener lo propio, lo señale ante nuestro administrador del partido, y con su licencia lo pueda hundir, y no de otra manera, so pena de perder el dicho metal, plomo, plata; la mitad para nuestra camara, y la otra mitad para el denu*n*ciador y juez y que pierda la dicha mina y sea para el dicho denunciador. {C Iten,} [fin pag. 35]

{**54. Que no se pueda*n* revolver los metales sin licencia del administrador, y con que no exceda en riqueza la ley del metal co*n* que se hiziere la voltura de *el* con que se juntare.**}

Iten, ordenamos y mandamos, que quando acaeciere que para fundir el metal de una mina convenga para facilitar la fundicion hecharle revoltura de metal de otra mina se pueda hazer con licencia del administrador del partido, con tanto que no exceda en riqueza la ley del metal en que se quiere hazer la dicha voltura de la que tuviere el metal con que se envolviere y juntare. Y si excediere en mas cantidad no se pueda hazer, ni haga, so pena que pierda los metales que revolviere, y lo que de *e*llos procediere con otro tanto, la mitad para nuestra Camara, y la otra mitad para el denunciador y juez que lo sentenciare. Y mandamos al nuestro administrador, que fuere en cada distrito, que para que no se co*n*travenga a lo contenido en esta nuestra pragmatica, tenga particular cuydado de ver y ensayar los metales de las dichas minas, que assi se quisieren juntar para que conforme a ellos se haga la liquidacion, de lo que nos perteneciere. Y *h*abiendola hecho y mirado como cosa que tanto importa, y averiguado la parte que hubieremos, de *h*aber, conforme a la ley de los dichos metales, den la dicha licencia por ser muy co*n*veniente para la buena fundicion la dicha voltura.

{**55. Que en cada uno de los assientos se haga una casa de afinacion a costa de su Magestad do*n*de todos afine*n* su plomo, plata: y que no se venda, ni contrate, ni se afine en otra parte, y do*n*de no pudiere *h*aber casa de afinacio*n* se de orde*n* como se lleve adonde la *h*aya.**}

Iten, ordenamos y mandamos, que en cada uno de los dichos assientos, o fabricas de minas, *h*aya y se haga a nuestra costa una casa de afinacion, de hornos, buytrones, o fuslinas, qual mas convenga. Las quales tengan sus fuelles, herramie*n*tas, y las demas cosas que fueren menester para la afinacion del plomo, plata que se fundiere en

de las minas

cada assiento de minas. A la qual dicha casa de afinacion sean obligados todos a traer a afinar, y se afine en ellas todo el plomo, plata, que de la tal mina, o minas se sacare, y fundiere. Y ninguna persona sea osado de afinar, en mucha, ni en poca cantidad en otra parte, fuera de la dicha nuestra casa de afinacion, ni vender, dar, ni contratar el dicho plomo, plata, hasta haberse afinado, so pena que hayan perdido, y pierdan lo que assi afinaren, vendieren, dieren, o contrataren, de otra manera con el quatro tanto, aplicado la mitad para nuestra Camara, y la otra mitad para la persona que lo denunciare, y juez que lo sentenciare: en la qual dicha pena incurra qualquier {perso-} [fin pag. 36] {14} personas, que en lo susodicho participare, y donde no se pudiere hazer comodamente, la dicha casa de afinacion, por no haber fabrica formada, ni minas bastantes para que sea necessaria, el dicho administrador del partido, provea y de orden como haya el recaudo, que convenga, y sea necessario para la afinacion de los dichos plomos que alli hubiere. Y que el plomo, plata que de alli se sacare se lleve a la de afinacion mas cercana, y llegado alli se ha de hazer y guardar en la afinacion de ello, y en todo lo demas, lo que se provee en las planchas de plomo, plata, que de ordinario se han de afinar en la dicha casa. Pero es nuestra merced y voluntad, que se escuse a los dichos dueños de minas la mas costa que sea possible en la lleva del dicho plomo no afinandose en las dichas minas por la dicha causa.

{56. Que en cada casa de afinacion haya los afinadores necessarios nombrados por el administrador del partido, los quales hagan las afinaciones a costa de las partes.}

Iten, ordenamos y mandamos, que en cada una de las dichas casas de afinacion, de cada mina, o assiento de ella haya los afinadores necessarios nombrados por nuestro administrador del partido, a satisfacion de los señores de las minas, los quales a costa de las partes, y dandoles las dichas partes el carbon que fuere menester hagan las afinaciones de plomo, plata, que en aquel assiento, o minas procedieren, y que ninguna otra persona se entremeta a hazer las dichas afinaciones, no siendo nombrado por el dicho administrador, so pena de cien azotes, y que sirva tres años en las nuestras galeras al remo sin sueldo: y el dicho administrador, les tasse lo que se ha de pagar a los dichos afinadores, por cada quintal que afinaren.

{57. **Que en cada assiento de minas donde hubiere casa de afinacion haya fiel y escribano, y las diligencias que se han de hazer cerca del afinar y que no se mezcle el plomo, plata, de una mina con el de otra.}**

Iten, ordenamos y mandamos, que en cada assiento de minas donde hubiere la dicha casa de afinacion, o en otra parte donde lo hubiere por orden, del dicho nuestro administrador, a nuestra costa haya un fiel que pese el plomo, palta, que se traxere a afinar: el qual quando fuere recebido a su oficio haga juramento, que bien y fielmente hara su oficio, y un escribano que de fe de las partidas del plomo, plata, que se entregare a los afinadores, y todas las partidas de plomo, plata, que se traxeren a afinar se entreguen al dicho afinador que hubiere señalado, el dicho administrador del partido, para que las afine. Y el dicho administrador tenga un libro donde se assienten todas las dichas partidas, y el dicho escribano tenga otro libro para lo mismo: los quales dichos libros {C2 ten-} [fin pag. 37] tengan su abecedario, con cuenta aparte, de cada una de las personas que traxeren el dicho plomo, plata, a afinar: y en foja de por si el dicho fiel assiente lo que pesaren las dichas planchas, y se entreguen al dicho afinador, y en el dicho libro se assiente con dia, mes, y año lo que pesare, y quantas son, y las personas que las traxeren a afinar, y la marca de ellas, y la mina, o minas de donde fueren, y el afinador a quien se entregaren: de manera, que de todo se tenga particular cuenta y razon: y el dicho administrador del partido, o la persona por el nombrada, y el dicho escribano, y la parte si supiere escribir, y si no otro por el, lo firmen en ambos los dichos libros, y despues de hecho todo lo susodicho el dicho afinador afine la dicha partida, sin que el plomo, plata, de una mina se revuelva, ni mezcle con lo de otra, so pena que el que lo mezclare, pierda el dicho plomo, y plata, con el quatro tanto, aplicado segun dichos es. Y si el dicho afinador lo mezclare, le sean dados cien azotes, y sirva tres años en las galeras al remo de por fuerza. Y encargamos al dicho nuestro administrador, que tenga y haga tener especial diligencia y cuydado, en que las dichas afinaciones se hagan fielmente: de manera, que nuestro derecho no sea defraudado, ni las partes reciban agravio.

de las minas

{**58. Como se ha de sacar la parte de la plata q**ue **pertenece a su Magestad, y se ha de entregar al administrador, y q**ue **en la plata que fuere de particulares se eche la marca Real, y sin ello no se pueda ve**nder, **ni contratar.**}

Iten, ordenamos y mandamos, que hecho lo susodicho afinada y sacada la plata, en presencia del dicho nuestro administrador del partido, o de la persona por el nombrada, y del dicho escribano, el fiel la pese, y se saque de ella la parte que conforme a estas ordenanzas nos perteneciere, y hubieremos de haber, y se entregue a la persona que mandaremos nombrar para ello, y de lo que se le entregare, se le haga cargo, assentandose en los dichos libros, y en el que el dicho nuestro administrador ha de tener, con dia, mes, y año, declarando, de que mina, o minas es la dicha plata, y el dueño de la partida, y la persona que la traxo a afinar, y lo que peso la plata de la dicha partida, y la parte que a nos pertenecio de ella, y se entrego al dicho administrador: y en todos los dichos tres libros, firmen todos los susodichos, y la parte para que por ellos, el dicho administrador, de cuenta quando se le mandare, y la demas plata (sacada nuestra parte como dicho es) se entregue a cuya fuere, poniendo en una, o dos partes, o mas de cada plancha (co- {mo} [fin pag. 38] {15} mo fuere cada una) la marca de nuestras armas Reales, sin la qual dicha marca ninguno sea osado de vender, ni comprar, ni contratar la dicha plata, que de las dichas minas se sacare, so pena de perder la dicha plata, y lo que se contratare, y la mitad de todos sus bienes, aplicado todo segun dicho es. Y demas de esto sea desterrado de las dichas minas con diez leguas a la redonda, por tiempo de seys años precisos, y no los quebrante, so pena de servir el dicho tiempo en las galeras, o donde le fuere mandado: en la qual dicha pena incurra el comprador, o la persona con quien se contratare la dicha plata.

{**59. La dilige**ncia **que se ha de hazer para labrar y beneficiar los metales con azogue.**}

Iten, porque muchos metales de plata se labran, y benefician con azogue a menos costa, y a mas provecho, y podria ser que algunas personas quisiessen labrar algunos metales a proposito con azogue, y assi no se podria guardar lo que esta proveydo y mandado en los metales que por fundicion, y afinacion se labran y benefician para que de la dicha plata que con el dicho azogue se sacare, se nos pague el derecho que nos pertenece, y *h*abemos de *h*aber conforme a estas nuestras ordenanzas, sin que en ello *h*aya algun fraude; Ordenamos y mandamos, que qualquier persona que quisiere labrar y beneficiar los dichos metales con azogue, sea obligado a dar noticia de *e*llo al dicho nuestro administrador, y a declararle la mina, o minas q*u*e quisiere labrar y beneficiar con el dicho azogue para que se assiente y sepa que la dicha mina, o minas se labran y benefician con azogue, y que todo el tiempo que las quisieren labrar y beneficiar con el no las puedan labrar, ni labren, ni beneficien de otra manera, sino fuere dando noticia de *e*llo quando lo quisiere hazer al dicho administrador para que se assiente, y sepa como ya no se labran, ni benefician la dicha mina, o minas con el dicho azogue. Y si de otra manera labraren y beneficiaren las dichas minas pierdan la plata, y metal: y sea la mitad para nuestra Camara, y la otra mitad para el denunciador, y juez que lo sentenciare, y tenga perdida la dicha mina, o minas, y sean para el denunciador, y la parte, o derecho que nos *h*abemos de *h*aber co*n*forme a estas nuestras ordenanzas se averigue pesando los quintales de metal que se revolvieren con el azogue en presencia del fiel, y {C 3 escri-} [fin pag. 39] escribano, y nuestro administrador, y quando se desazogaren las pellas que se sacaren, y quedare la plata fina se pese assimismo para saber, y entender la plata que hubiere procedido de los quintales de metal que se hubieren revuelto con azogue, y respetivamente como acudiere se nos pague el derecho conforme a estas ordenanzas como dicho es, teniendo de *e*sto los mismos libros, cuenta y razon por la orden y forma, y segun y de la manera que se ha de tener en la plata que perteneciere de las afinaciones, como de suso esta declarado, y so las mismas penas aplicadas segu*n* dicho es.

{**60. Que no se saque la plata de la parte donde se *h*obiere puesto a desazogar sin que este prese*n*te el administrador y fiel, y escribano, y se pague la parte que pertenece a su Magestad, y en la plata de particulares se eche la marca Real.**}

Iten, ordenamos y mandamos, que no se pueda sacar la plata, de la parte adonde se hubiere puesto a desazogar sin que este presente nuestro administrador del partido, o la persona que el nombrare para que ante el, y el fiel y ante escribano se pese, y se saque de *e*lla el derecho que *h*abemos de *h*aber y nos pertenece y se entregue a la

de las minas

persona que mandaremos nombrar para ello, y de ello se tenga la misma cuenta y razon que en lo demas que se afinare por fuego, y la plata que quedare se entregue a cuya fuere, y en cada plancha se eche nuestra marca Real como de suso esta dicho, y sin tener la dicha nuestra marca Real, no se pueda vender, ni contratar la dicha plata en manera alguna, so la pena de suso contenida al dueño de la dicha plata, y al comprador, o persona que lo contratare.

{61. El orden que se ha de tener en pagar el derecho del plomo pobre que no se sufriere afinar.}

Iten, ordenamos y mandamos, que la parte que nos perteneciere del plomo pobre que se fundiere, y que no se sufriere afinar por ser tan pobre de plata, que no tenga de quatro reales arriba por quintal, se selle en la parte y lugar adonde se fundiere por el administrador del partido, o por la persona que el nombrare: y alli mismo hallando por ensaye, que es plomo pobre, reciba la persona que tuvieremos nombrada para ello, el derecho que de ello se nos debiere conforme a nuestras ordenanzas: y que ningun plomo, aunque se haya hecho de almartaga se pueda llevar de una parte a otra, sin que tenga el dicho sello, so pena que el que de otra manera lo llevare lo tenga perdido, aplicado la mitad para el que lo denunciare, y la otra mitad para el juez que lo sentenciare, y mas el quatro tanto para nuestra Camara: y lo mismo sea en el {cobre} [fin pag. 40] {16} cobre ensayandose primero, que se selle, para que se nos pague el partido de el y de la plata, y oro que tuviere: y esto del plomo pobre, y cobre se entienda fuera de los terminos de las mercedes que estan hechas.

{62. El orden que se ha de tener en pagar el derecho del alcohol, y que no se saque sin cedula.}

Iten, ordenamos y mandamos, que todos los que sacaren alcohol fuera de los partidos de que no esta echo mercer, nos paguen el derecho de el, en las minas, o venas donde se sacare, y hasta que este pagado no se pueda mudar, ni vender para fuera parte sin licencia de nuestro administrador del partido, o de la persona por el nombrado que estuviere en el assiento de minas mas cercano a la mina donde se sacare el dicho alcohol: y despues de tener la dicha licencia ninguno lo pueda llevar, ni traginar sin cedula del dicho administrador, o de la persona que el hubiere nombrado, y el dicho vendedor sea obligado de

Leyes y pragmaticas

avisar de ello al comprador para que saque la dicha cedula, el qual le avise, so pena de perder el valor del dicho alcohol con el quatrotanto, aplicado segun de suso, y al comprador que de otra manera lo sacare se le tome por descaminado con el quatrotanto, aplicado segun dicho es, lo qual se ha de entender como dicho es, en las partes donde no hay mercedes hechas.

{63. Lo que se ha de hazer quando se movieren pleytos sobre la possession y propiedad de las minas.}

Iten, porque por la experiencia se ha visto que por pleitos y diferencias que se mueven sobre possessiones de minas la labor, y beneficio de ellas cessa, y se manda cerrar hasta tanto que se averigue quien tiene mejor derecho, y muchas vezes se estan uno y dos y mas años sin labrarse y beneficiarse: lo qual demas del daño que las dichas minas no se dexen de labrar, ni beneficiar tanto tiempo: Ordenamos y mandamos, que cada y quando que los tales pleitos se ofrecieren, dentro de quarenta dias, por el qual dicho termino, y no mas, la mina sobre que se litigare este cerrada, ante la justicia de minas, las partes digan y aleguen de su justicia y presenten las escrituras y recaudos que tuvieren, y hasta doze testigos cada uno, en cada pregunta, y no mas: y con lo que dixeren, alegaren, y probaren, dentro del dicho termino, sin otra mas conclusion, ni prorrogacion, la dicha justicia lo vea y determine, reservando su derecho a salvo, a la parte contra quien sentenciare, para que en la propiedad siga su justicia, como viere que le conven- {ga,} [fin pag. 41] ga, ante la dicha justicia de minas: y luego de la tenencia, y possession de la dicha mina a la parte por quien sentenciare: la qual la labre, y beneficie teniendo cuenta y razon por libro, dia, mes, y año, del metal que se sacare. Y de las costas, y gastos, que en la labor y beneficio se hizieren, y dando fianzas de mil ducados, para que dara cuenta con pago de lo que hubiere procedido, si en grado de apelacion fuere condenado, y se le mandare que la de: lo qual se haga y cumpla assi sin embargo de qualquiera apelacion, nulidad, o agravio, que de lo que se determinare y executare se interpusiere. Y si la parte contra quien se sentenciare se tuviere por agraviado, dentro de tercero dia pueda apelar para ante nuestro administrador general de minas, y dentro de sesenta dias en grado de apelacion, nulidad, o agravio, ambas partes sigan su justicia ante el dicho administrador, y presenten sus

de las minas

escrituras, recaudos, y testigos, y se admitan en lo que hubiere lugar de derecho, segun dicho es. Y con lo que dentro del dicho termino sin otra conclusion, ni prorrogacion, dixeren, alegaren, y probaren, se determine lo que sea justicia: y si la sentencia fuere confirmatoria, se acabe con esto el dicho pleito en quanto a la possession, y no se pueda apelar de ella. Y todavia la parte en cuyo favor se diere, tenga cuenta y razon del dicho metal que se sacare, y de las dichas costas, segun dicho es, para darla con pago, si en la propiedad fuere vencido y condenado, que la de: pero si la dicha sentencia no fuere confirmatoria, y las partes apelaren de ella, sea la apelacion para la Contaduria mayor de hazienda, y no para otro tribunal alguno. Y si las partes, o alguna de ellas pusieren demanda sobre la propiedad de las dichas minas, esta tal se haya de poner ante el administrador del partido, o ante el administrador general de ellas, y no ante otro juez alguno: el qual oyga a las partes sobre ello, y de la sentencia que diere se apele para la dicha Contaduria mayor, y no para otro tribunal. Y si fuere dada executoria, por la qual se haya de volver la possession de la dicha mina, o minas, a otra persona con lo procedido de ellas; Mandamos, que la persona que la hubiere tenido, y los fiadores que ha de dar, conforme a esta nuestra carta, den cuenta con pago cierta y verdadera de todo lo sacado y procedido de la dicha mina, hasta el dia que se la {quita-} [fin pag. 42] {17} quitaren sacadas las costas y gastos que en la labor y beneficio se hubieren hecho: las quales sean las que el diere por relacion jurada y firmada de su nombre: a la qual se le de entera fe y credito.

{64. Las diligencias que se han de hazer quando alguno pidire mina que otro possee para que no se cierre.}

Iten, ordenamos y mandamos, que cada y quando que alguno pidiere mina, que otro possee quieta y pacificamente, y pidiere assimismo que la dicha mina se cierre, que porque el fundamento principal de lo que en tal caso se pretende, son los metales que de las dichas minas se sacan, y porque no se dexen de labrar y beneficiar por los daños que de ello se siguen, la dicha justicia mande, que dentro de veinte dias perentorios, citada la parte, de informacion del derecho que tuviere, y que la otra parte si quisiere la de de lo contrario, o de lo que viere que le conviene. Y luego passados los veinte dias, pareciendo tener derecho el que pide, mande al posseedor que dende en adelante tenga cuenta y razon del metal, y plata, que procediere de la dicha mina, y de las costas y gastos que se hizieren, segun esta dicho en la ordenanza antes de esta, para darla con pago si fuere vencido. Lo qual se guarde, cumpla, y execute, sin embargo de qualquier apelacion, nulidad, o agravio, que de ello se interponga: y hecho esto proceda en la dicha causa sin dar lugar a largas, ni dilaciones de malicia: y haga justicia.

{65. Lo que se ha de hazer y guardar quando le nombraren terceros.}

Iten, ordenamos y mandamos, que cada y quando que se ofrecieren casos en que se nombraren terceros por las partes, o que la dicha justicia de minas los nombrare, que los tales terceros ante todas cosas hagan juramento que bien y fielmente diran, y declararan lo que les pareciere: y si los dichos terceros, no se concertaren en discordia se nombre otro tercero de conformidad de partes, o por la justicia de minas: y si este tal se conformare con el parecer de alguno de los dichos terceros, aquello se guarde y execute. Y si no se conformaren y estuvieren singulares en todo, o parte, se vayan nombrando terceros, hasta tanto que en todo haya la mayor parte de pareceres conformes, y habiendola se guarde y execute lo que dixeren y declararen la dicha mayor parte.

{66. Que los hurtos que se hizieren en las minas y assientos de ellas se castiguen con rigor.}

Iten, ordenamos y mandamos, que los hurtos que se hizieren en las dichas minas, y en los assientos y terminos, y dondequiera que hubiere fabrica de ellas de oro, plata, plo {mo,} [fin pag. 43] mo, metales, de qualquiera calidad y condicion que sean de qualesquier cosas anexas y concernientes a la labor y beneficio de las dichas minas sean castigados por todo rigor, y el que hurtare qualquier cosa de las susodichas, demas de restituyr y pagar todo lo que hurtare a la parte, sea condenado en las setenas. Las quales aplicamos, la mitad para nuestra Camara, y la otra mitad para la persona que lo denunciare, y juez que lo sentenciare. De los quales hurtos conozca el administrador de cada partido, y de la sentencia que diere se apele para el administrador general. Pero si el que fuere condenado en setenas no tuviere bienes de que pagarlos se comute en otra pena corporal, o de destierro, conforme a la gravedad del delito: de la qual comutacion se haya de apelar y apele para la dicha nuestra contaduria mayor de hazienda, y no para otra parte alguna, *a* quie*n* se haga la dicha comutacion por el administrador del partido, o por el administrador general.

{67. Que el administrador general, y administradores, y las demas personas aqui co*n*tenidas no pueda*n* tener minas en ningun partido del Reyno.}

Iten, ordenamos y mandamos, que nuestro administrador general, y los administradores de los partidos, y las personas que por ellos, o por los que despues de *e*llos fuere*n* nombrados para assistir en singular en qualesquier partes de *e*llas, y las justicias y escribanos y fieles que por nos han sido, o fueren nombrados, y de aqui adelante se no*m*braren para usar y exercer sus oficios en ellas, no puedan tener ni te*n*gan mina alguna, ni parte de *e*lla en ningun partido del Reyno por si, ni por interposita persona, directe, ni indirectamente en todo el tiempo que usaren los dichos oficios, so pena de privacio*n* perpetua de *e*llos, y de perder la mina, o minas, que tuvieren, y sean de la persona que lo denunciare, y mas incurra en pena de la mitad de sus bienes para la nuestra Camara: en la qual pena de perdimiento de bienes y mina, incurra qualquier persona que participare en lo susodicho.

{68. Que las personas q*ue* por nombramie*n*to de los administradores sirvieren en el ministerio de minas, o llevaren salario, no puedan tener minas en el partido donde sirvieren con dos leguas en contorno.}

Iten, ordenamos y mandamos, que todas las personas que por nombramiento nuestro, o del dicho nuestro administrador, o nuestros administradores de los partidos fuere*n* no*m*brados para entender en la fabrica y beneficio de las dichas minas, o q*ue* en qualquier manera llevaren salario, o soldada nuestra, para el dicho efe*c*to no puedan tener minas, ni parte de *e*llas por si, ni por interpositas personas, directe, ni indirectamente en los {par-} [fin pag. 44] {18} partidos donde anduvieren y trabajaren con dos leguas en el contorno de *e*llos: y si tomaren, o hubiere*n* mina, o minas, o parte de *e*llas, dura*n*te el tiempo que ganaren el dicho nuestro salario, o soldada, segun dicho es, tengan perdida la tal mina, o minas, o parte de *e*llas, y sean para la persona que lo denunciare: y demas de esto sean desterrados de las dichas minas con seys leguas a la redonda, por tiempo de tres años precisos, y no los que brante, so pena, siendo persona noble, que cumpla el dicho destierro doblado, y si fuere de menor calidad, que sirva los dichos tres años en las galeras al remo de por fuerza.

{69. Que en el buscar tomar y registrar, y estacar minas de oro se guarde lo contenido en las ordenanzas de las minas de plata.}

Iten, ordenamos y mandamos, que todas las personas que buscaren, hallaren, y tomaren minas, o nacimientos de oro, assi los primeros descubridores, como los demas, en el tomar registrar, y estacar las dichas minas guarden lo contenido en estas ordenanzas que tratan cerca del tomar y registrar y estacar las minas de plata, so las penas en ellas contenidas, y que conforme a las dichas ordenanzas, y so las penas de ellas sean obligados a enviar los registros a nuestro administrador general, o a los administradores de cada partido, y ellos tengan libros de registros de las minas de oro, segun y como esta probado en lo de la plata.

{70. La medida que ha de tener las minas de oro.}

Iten, ordenamos, y mandamos, que los primeros descubridores de las dichas minas, o nacimientos de oro, tomen y tengan ochenta varas de medir en largo, y quarenta en ancho: las quales puedan tomar como mejor les estuviere, y los demas despues de ellos tomen y tengan sesenta varas en largo, y treynta en ancho: las quales tomen assimismo como mejor les estuviere: y en todo lo demas guarden lo contenido en las dichas ordenanzas de plata, so las penas de ellas.

{71. Que en el poblar las minas de oro, y quanto a tener minas demasiadas se guarden las ordenanzas de las minas de la plata.}

Iten, ordenamos y mandamos, que todos los que tuvieren minas, o nacimientos de oro, sean obligados a tenerlas pobladas, como esta mandado en el poblar de las minas de la plata, so las penas de ellas en todo lo susodicho.

{72. Que nadie venda ni contrate oro en polvo, ni en barra, ni en rieles sin estar marcado con la marca Real, y la forma que se ha de tener en pagar lo que pertenece a su Magestad.}

de las minas

Iten, ordenamos y mandamos, que ninguna persona sea osado de tratar, ni contratar, vender, ni comprar, oro en polvo, ni en barra, ni rieles sin estar marcado de nuestra marca Real, la qual mandamos que tenga la persona que en nuestro nombre estuviere en cada partido para cobrar la parte que nos perteneciere. Y assimismo {haya} [fin pag. 45] haya un fundidor que funda y haga vergas del oro que se sacare, el qual sea fiel del peso, y ante el dicho nuestro administrador, o ante la persona por el puesta, lo funda, pese, y marque con la dicha nuestra marca Real, y se de y entregue lo que a nos perteneciere a la persona que para ello assistiere en el partido donde se hiziere y lo demas se de a su dueño: y el dicho nuestro administrador tenga un libro en que assiente las dichas partidas con dia, mes, y año: y assiente assimismo cuyo es el dicho oro, y de que mina, o nacimiento salio, y que tanto, y la parte que nos pertenecio de que se hizo cargo al dicho administrador, y la que llevo el dueño de la tal partida: lo qual firme el dicho administrador, y la dicha parte si supiere firmar, y si no otro por el, y el fundidor, y el escribano ante quien passare: el qual dicho escribano y fundidor tengan otro libro cada uno de ellos adonde se assiente lo mismo, y se firme como dicho es, por todos. Y ninguna persona pueda vender, ni contratar el dicho oro, sino fuere fundido y marcado como esta dicho, so la pena contenida en la ordenanza de la plata, que acerca de esto habla, y incurra en la misma pena que el que lo comprare, o contratare, como se contiene en la dicha ordenanza de la plata.

{73. Que ningun criado, ni otra persona venda ni contrate oro sin tener la marca Real.}

Iten, porque podria acaecer, que criados de los dichos señores de minas, o otras personas, sin que venga a noticia de los dichos señores vendan, o contraten, oro, o plata, sin estar marcado con nuestra marca Real contra lo contenido en estas ordenanzas; Ordenamos y mandamos, que qualquier criado, o persona que sin sabiduria, y culpa de sus dueños vendiere, o contratare, oro, o plata sin estar marcado de nuestra marca Real segun dicho es, y qualquiera que lo comprare, contratare, demas de restituyr y pagar lo que assi se vendiere, o se contratare, a cuyo fuere pierda todos sus bienes, y sea la mitad para nuestra Camara, y la otra mitad para el denunciador y juez que lo sentenciare, y sirva diez años en galeras al remo de por fuerza.

{74. Que qua*n*do se descubriere de nuevo alguna mina se hagan los pozos q*ue* se hubieren de seguir diez varas uno de otro.}

Iten, por qua*n*to somos informados que de hazerse en una mina los pozos de *e*lla dende el superficie muy juntos y ahondarlos de un tiron sin hazer descansos, se siguen gra*n*des inconvenie*n*tes y daños, assi para lo que toca a la perpetuidad, como por no poderse labrar y desaguar con comodidad. Y para remedio de *e*sto, ordena- {mos} [fin pag. 46] {19} mos y mandamos, que quando de aqui adelante se descubri*e*re alguna mina nueva, los pozos q*ue* se hubieren de seguir se hagan diez varas uno de otro, y que cada pozo tenga de hondo catorze estados, y si se hubiere de aho*n*dar mas, se haga una mineta antes que se ahonde mas, y de alli se forme otro pozo. Pero porque en muchas partes no se hallara disposicio*n* para guardar este orden, en tal caso se hara lo q*ue* pareciere mas convenir con parecer del administrador del partido, y de los demas mineros que de *e*sto entendieren.

{75. Que se ensayen los metales para las fundiciones.}

Iten, porque tenemos relacio*n*, que por no ensayarse los metales para la fundiciones, ni los plomos ricos para las afinaciones, *h*ay grandes descuydos en los fundidores y afinadores: de que no solamente resulta daño para nuestra hazienda: pero para los particulares: y demas de *e*sto podria *h*aber muchos fraudes. Para remedio de lo qual ordenamos y mandamos, que nuestro administrador general y de los partidos tenga gra*n* cuydado en procurar, que donde hubiere congregacion de minas juntas *h*aya ensayadores juramentados, assi para los metales que se fundieren, como para los plomos ricos que se hubieren de afinar para que los fundidores y afinadores respondan con las fundiciones y afinaciones que hizieren co*n*forme a los ensayes que se hubieren hecho.

{76. El orde*n* que se ha de tener quando las minas vinieren a ser de treinta, o quarenta estados de ho*n*do, y qua*n*do viene a ser la costa mayor q*ue* el provecho que de *e*lla se saca.}

Iten, por quanto en las minas viejas qua*n*do vienen a ser de ho*n*do treinta, o quarenta, o mas estados, *h*ay mucho mas costas en

de las minas

sacar el agua tierra y metal y meter en ellas la madera, y pertrechos necessarios, que en las otras minas que tienen menos hondura, a cuya causa muchas vezes viene a ser mas la costa, que el provecho que de ellas se saca: y en estas tales minas, no podrian los dueños pagarnos tanto derecho, como en estas ordenanzas esta señalado de las minas viejas: y es justo que en estas tales haya moderacion. Por lo qual ordenamos y mandamos, que quando lo tal acaeciere y constare a nuestro administrador general, que la mina vieja por ser honda, o por otras causas viene a ser tan costosa, que quasi al dueño no es de provecho, envie particular relacion de ello con su parecer al nuestro Consejo de Hazienda juntamente con la averiguacion, que cerca de lo susodicho hubiere hecho; adonde mandamos, que se vea, y determine con mucha brevedad lo que a esto tocare.

{77. La forma de la jurisdicion de los administradores de minas, y como han de proceder en los negocios tocantes a las dichas minas.}

Iten, por quanto tenemos relacion, que una de las cosas que impide la buena orden y beneficio de las minas que al presente estan descubiertas, y que no se busquen, ni descubran otras de nuevo, {D es} [fin pag. 47] es los pleytos y debates que en ellas y entre la gente que en ellas anda y trabaja se ofrecen, y las molestias, y vejaciones que las justicias y otras personas hazen a los ministros y trabajadores, que en ellas andan, assi por no tener las dichas justicias la practica y experiencia que conviene en negocios de minas, como por proceder en las causas larga y ordinariamente: con lo qual ante ellos y en los tribunales, adonde van en grado de apelacion, las partes gastan y consumen sus haziendas, y se impossibilitan de entender en el descubrimiento y beneficio de las dichas minas, de que se sigue notable daño, y perjuyzio a nos y a estos nuestros Reynos y subditos de ellos. Para el remedio de lo qual, como cosa que tanto importa, y para que todos se animen al descubrimiento, labor, y beneficio de las dichas minas, habemos acordado nombrar, y nombraremos un administrador general, y los demas administradores que fueren menester por los partidos, y distritos que fueren señalados que sean practicos y de experiencia en semejantes cosas: los quales tengan el gobierno y jurisdicion de todas las dichas minas, y cosas a ellas tocantes, y sean superiores a las demas personas que en ellas

Leyes y pragmaticas

entendieren, y tengan cuenta y razon de ellas, y cuydado particular de que se haga, guarde y cumpla todo lo contenido en estas ordenanzas, y las executen y hagan guardar y cumplir conforme a la orden e instrucciones que les mandaremos dar en conformidad de ellas, los quales tengan jurisdicion para conocer, y conozcan en primera instancia de todos los pleitos, y causas, y negocios, civiles, y criminales, y de execucion, que en qualquier manera hubiere y se ofrecieren y trataren en cada distrito, de que puedan y deban conocer, conforme a estas ordenanzas, en esta manera: Que de las causas que assi se ofrecieren: conozca el administrador general, hallandose en el distrito del partido donde acaeciere: y si no se hallare en el conozca de ellas el administrador del tal partido: y las causas de que assi conociere el dicho administrador general, si se ausentare del dicho partido, las dexe remitidas en el estado que estuvieren al administrador del dicho partido, el qual las prosiga, y fenezca conforme a estas ordenazas. Y si el dicho administrador general volviere al dicho partido, y hallare por sentenciar las causas, que assi dexo remitidas, las pueda advocar a si, y conocer de ellas en tanto que alli estuviere. A los quales administrador general, y administradores de los partidos, mandamos que en los casos, y negocios, de que conocieren, hagan y administren {justi-} [fin pag. 48] {20} justicia a las partes breve y sumariamente conforme a estas ordenanzas. De manera que por razon de los dichos pleytos no se impida, ni embarace la labor, y beneficio de las dichas minas. Y mandamos a las nuestras justicias, assi ordinarias como de hermandad y de comission, y otras qualesquier de estos nuestros reynos, y a las de señorio, que no se entremetan en el conocimiento de las dichas causas tocantes y concernientes a las dichas minas, y a las personas, y bestias, y bueyes, y carretas que en ellas, y en su beneficio sirvieren y trabajaren y se ocuparen, ni procedan ni admitan demandas ni pedimientos, ni querellas, ni otra cosa alguna, de su oficio, ni a pedimiento de partes sobre todo lo susodicho, ni parte alguna de ello, y si algunas estuvieren pendientes ante ellos las remitan luego a los dichos administradores de cada partido, para que como juezes de ellas conozcan, y hagan justicia a las partes. Y por la presente inhibimos y habemos por inhibidos a las dichas justicias, y juezes ordinarios y de comission, y otros qualesquier que sean, para que no puedan conocer, ni conozcan, en manera alguna de las dichas causas y

de las minas

negocios, tocantes y procedientes, o dependentes, en qualquier manera de las dichas minas, y trabajadores, y oficiales, y ministros de ellas como dicho es, no embargante qualesquier leyes y pragmaticas, y otra qualquier cosa que haya en contrario, con las quales, en quanto a esto dispensamos y las cassamos y anulamos, y damos por ningunas; y de ningun valor e efecto, quedando en su fuerza y vigor para lo demas. Y quanto a las personas que se han de nombrar, para administradores y recetores, y otros oficiales, tocantes a las dichas minas, es nuestra voluntad que se nombren en el nuestro Consejo de Hazienda por titulos, y cedulas nuestras, firmadas de nuestra mano: y lo mismo se haga en las ordenes e instruciones que se les hubieren de dar para el exercicio de sus oficios.

{78. Que los bastimentos y cosas necessarias para las minas y los que anduvieren en ellas se puedan sacar y llevar libremente a ellas.}

Iten, ordenamos y mandamos, que todas qualesquier personas que quisieren llevar bastimentos, y mantenimientos y otras cosas a las dichas minas, para la provision y sustento de los que estuvieren, y trabajaren en ellas, los puedan sacar y llevar, y saquen y lleven libremente de todas las ciudades, villas, y lugares de estos nuestros Reynos y señorios. Y que las justicias de ellos, no se lo {D2 im-} [fin pag. 49] impidan, ni les pongan embargo ni impedimento alguno en ellos, ni se los encarezcan, antes los ayuden y favorezcan para que las dichas minas, y personas que anduvieren en ellas, esten siempre proveydos, y bastecidos de ellos.

{79. Que se hagan contraminas en las partes donde hubiere disposicion para ello.}

Iten, porque quanto tenemos relacion, que muchas minas estan en sitios dispuestos, para las poder contraminar, y podria ser que las que de nuevo se descubriessen, tuviessen la misma disposicion, para que el agua de ellas salga por su pie, o se saque a menos costa. Lo qual es de mucha importancia, assi para la perpetuydad de las minas, como para la labor, y beneficio de ellas. Por lo qual, ordenamos y mandamos, que donde hubiere disposicion, para hazer las dichas contraminas, los dueños de ellas las hagan; y que cada uno contribuya para ellas, conforme a la calidad, y disposicion de su mina, que por la dicha contramina puede ser desaguada. Y quando entre los dueños de ellas, no hubiere conformidad para hazerla, el administrador general, habiendo visto y entendido la disposicion del sitio, y la utilidad que de ellos se sigue, trate con ellos, que las hagan. Y en este caso estando conformes los dichos dueños, haga el repartimiento, o repartimientos, que fueren necessarios, entre los dueños de las minas, que han de gozar del beneficio, de lo que cada uno ha de contribuyr conforme a la utilidad, que de ello se les siguiere, y les apremie a la paga y cumplimiento de los dichos repartimientos para el dicho efecto. Y que el metal que se sacare, abriendo y labrando la dicha contramina, sirva para la costa que en ella se hiziere, y lo que faltare se reparta por la orden que los dueños hubieren dado, o en su defecto diere el dicho administrador.

{80. Lo que se han de hazer, si en la contramina se descubriere mina nueva.}

Iten, ordenamos y mandamos, que si en la dicha contramina, o contraminas que en la conformidad susodicha se abrieren, se descubrieren algunas nuevas minas, que por la superficie no hayan sido halladas ni descubiertas, aunque entren en las estacas de las otras minas descubiertas, en el superficie estas tales que assi se descubrieren, por donde se fuere abriendo la dicha contramina sean para los dueños que contribuyeren, en la dicha contramina y que cada uno lleve de lo que procediere respetivamente al repartimiento que se hubiere hecho para el gasto, segun dicho es. {Iten,} [fin pag. 50] {21}

{81. Que quando la mina de otro tercero se aprovechare de la contramina contribuya en la costa el dueño de la tal mina.}

Iten, ordenamos y mandamos, que si algunas minas estuvieren lexos de la parte adonde se hiziere la dicha contramina, y por esta razon los dueños de ellas, no quisieren contribuyr para el gasto de ella, que cada y quando, que se entendiere, que el agua de las tales minas lexas se desagua, o disminuye por razon de la dicha contramina, o tuviere de ella otro qualquier aprovechamiento, assi de sacar por ella el metal, tierra, o otra qualquier cosa, pague a los dueños de la dicha contramina, lo que fuere tassado y moderado, por el administrador general, o por el administrador del partido, o el mas cercano, por el beneficio que por razon de la dicha contramina, se sigue a su mina,

de las minas

teniendo consideracion a la costa que se le escusa que *h*abia de hazer si no estuviera hecha la dicha contramina.

{82. Que si un particular quisiere hazer contramina lo pueda hazer, y como y qua*n*do se podra aprovechar del metal.}
Iten, ordenamos y mandamos, que si en alguno de los assientos de minas ado*n*de conviniere hazer la dicha contramina, o co*n*traminas, no quisieren gastar los dueños de *e*lla en hazerla, y un particular se quisiere disponer a ello, *h*abiendo aprobado el administrador general que conviene hazerla, y registrando el principio de la tal co*n*tramina, lo pueda hazer y haga, hasta donde quisiere sin guardar orden de estacas, ni limitacion de medida. Y todo el metal y aprovechamiento que procediere de lo q*u*e se descubriere con la dicha contramina, sea de la personas que lo hubieren hecho, con tal declaracion, que el metal de la mina agena, no participe mas de a lo que comprehendiere en el hueco de la dicha contramina, sin que el que hiziere la dicha contramina, pueda ahondar, subir, ni ensa*n*char, mas del mismo tamaño que estuviere comenzado el principio de la dicha contramina, que se entiende que sea ocho quartas en alto, y cinco en ancho. Y que goze de *e*sta preemine*n*cia y metal en el entretanto que no hubiere otra mina mas honda, de donde se les siga mas aprovechamiento a las dichas minas, porque este derecho pertenece a la que fuere mas honda.

{83. Que los que tuvieren minas, y las otras personas aqui contenidas sean libres de huespedes y bagajes, repartimientos de cama, ropa, y bestias de guia, y pueda traer armas, no sie*n*do de las prohibidas.}
Iten, por hazer bien y merced a los que tuvieren y beneficiaren las dichas minas, y a sus administradores ensayadores, fundidores, afinadores, co*n*tadores, y pagadores, Ordenamos y mandamós, que en las partes lugares donde residieren en las dichas minas, sean libres, y exemptos de huespe- {des} [fin pag. 51] des, y bagajes, y que no se les puedan repartir camas de ropa, ni bestias de guia, ni carretas. Y que demas de *e*sto pueda*n* traer, en las dichas minas, armas en todo tie*m*po de dia y de noche, ofensivas y defensivas, no siendo de las prohibidas, ni trayendolas en los lugares prohibidos. Y que las nuestras justicias, lo guarden assi, sin yr ni venir co*n*tra ello en todo el tie*m*po que anduvieren en las dichas minas y beneficio de *e*llas.

Leyes y pragmaticas

{84. Que la incorporacion de las minas se entienda sin perjuyzio del assiento tomado con Don Diego de Cordova sobre las minas de que le esta hecha merced.}

Iten, es nuestra merced y voluntad, y mandamos, que la incorporacion que assi mandamos hazer en nuestro patrimonio Real, de las minas de oro, plata, y azogue por la dicha pragmatica del año de cincuenta y nueve, sea y se entienda sin perjuyzio del assiento y concierto, que mandamos tomar con don Diego de Cordova nuestro primer Caballerizo, sobre las minas que tiene de merced firmado de mi nombre, en quinze dias del mes de Agosto del año passado de mil y quinientos y setenta y ocho años.

Por las quales dichas leyes y ordenazas, y por cada una de ellas, mandamos que se rijan y gobiernen las dichas minas y las cosas a ellas tocantes annexas y concernientes. Y que todos los juezes, e justicias, y Audiencias en sus distritos, y jurisdiciones las guarden, y hagan guardar, cumplir, y executar, en todo y por todo, como en ellas y en cada una de ellas se contiene. Y que contra el tenor y forma de ellas, no vayan, ni passen, ni consientan yr ni passar en manera alguna. Y los unos ni los otros no hagades, ni hagan ende al el so las penas, en estas dichas nuestras leyes, y ordenanzas contenidas y so pena de la nuestra merced, y de diez mil maravedis para la nuestra Camara a cada uno que lo contrario hiziere. Y mandamos que sean pregonadas publicamente en esta nuestra Corte, y que dende el dia de la publicacion de ellas en adelante sean guardadas, y executadas, segun y de la manera que de suso se contiene. Y assimismo mandamos a los nuestros contadores mayores que assienten un traslado de ellas en los libros de nuestra contaduria mayor, y las hagan imprimir para que sean comunes a todos.

Y otro si mandamos a los dichos nuestros contadores mayores que tengan libros cuenta y razon de todo lo que de las dichas minas para nos procediere, y de las relaciones y copias que los dichos administradores, y oficiales han de ir enviando del estado de las dichas minas, y de las costas y gastos de ellas. {Dada} [fin pag.52] {22}

Dada en san Lorenzo el Real, a veinte y dos dias del mes de Agosto, de mil y quinientos y ochenta y quatro años.

de las minas

YO EL REY.

Y Juan Vazquez de Salazar, secretario de su Catolica Magestad la fize escribir por su mandado.

El Conde de Barajas. El Licenciado Hernando de Vega de Fonseca. El Licenciado Juan Tomas. Chumacero de Sotomayor. Francisco de Garnica. Juan Fernandez de Espinosa. Juan Vazquez.
[fin pag.53]

EN la villa de Madrid a doze dias del mes de Septiembre, de mil y quinientos y ochenta y quatro años, se pregono esta pragmatica publicamente en la plaza publica de palacio, y en la puerta de Guadalaxara, por Santacruz, y Hernando de Leon, y por Manuel Sanchez, pregoneros publicos de esta Corte. Estando presentes los señores Alcaldes, Juan Gomez, y Pedro Diez de Tudanza. Y Alonso Nuñez, y Guevara, y Herizar, y otros Alguaziles de esta Corte, y otras muchas personas que a ellos estaban presentes. Lo qual se pregono en presencia de mi Gaspar Lopez, escribano de Camara de su Magestad, y del crimen, de los mas antiguos que al presente residian en esta Corte. Y en fe de ellos lo firme.

Gaspar Lopez

[fin pag. 54][en blanco pag. 55][en blanco pag. 56]
[fin el libro]

Tratado de re Metalica de Juan de Oñate

Escribe anónimo en siglo XVII y edito por D. Miguel Zerón Zapata

TRATADO MUY UTIL Y PROVECHOSO DE RE METALICA CON TODAS LAS REGLAS Y NORMAS DE LABRAR MINAS Y BENEFICIO DE METALES, ASI DE FUEGO COMO DE AZOGUE, COMPUESTO POR DON JUAN DE OÑATE CON ALGUNAS CURIOSIDADES DEL PADRE QUIRQUEIRO Y DE BARBA

El carboncillo que Oñate dice, para el suelo del horno, es de dos partes de carbón molido y una de tierra buena apretado muy bien con un pisón.

Para el horno de fundición, para detener la greta de la boca de afinación, basta el barro con ceniza para que no se desangre el baño y también para tapar la puerta de los hornos de fundición.

Dase regla para conocer la mina rica y las señales que ha de tener y cómo ha de correr en las tierras frías y calientes y cómo los respaldos y de qué color porque en esto está ser la veta rica o pobre.

Las vetas que coren en la tierra caliente de Oriente a Poniente y llevasen la cabeza echada al Norte y el asiento de la cola al Sur, será rica, porque participa de ambos temples y si encima de la tierra, la tal veta tuviese, en cantidad mucha o poca, plata limpia de plomo y mezclada con el cobre en lo hondo, gozando de humedad, será rica porque infaliblemente perderá el cobre que crió en la cabecera, con el calor del sol e influencia de Júpiter, que es de quien procede; si el cobre encima de hierro, tuviere mucha plata y mezclada de plomo al calor del esmeril, es señal que el fondo será pobre; goze el minero lo que buenamente pudiere y a titulo de esta mina no haga hacienda, porque se perderá.

La veta para ser rica en tierra fría, ha de correr de Norte a Sur y ha de llevar recostada la cabeza al Oriente y la cola al Poniente. Muchas veces hay algunas que enderezan y van derechas al centro, mas ordinariamente van [con] la cabeza recostada y empieza a recostar a los diez estados[1] otras más, otras a menos comienzan en dos palmos y ensanchan hasta cuatro. Suelen descubrir encima de tierra de un palmo de alto la cresta hasta cuatro como se ha dicho; ha de tener los respaldos fijos de laja negra o colorada y ha de nacer de la parte del

Norte y caminar a la del Sur. Conócense en las juntas de las lajas, en las capas de las vetas que por él van las que reclinan al Sur y esta que nació hacia el Norte, será rica y el minero tiene obligación, porque le importa seguirla hasta veinte estados, aunque no le halle plata considerable porque es cierto la ha de tener en la hondura y no le haga novedad ni fuerza, porque es experiencia cierta.

La veta que nació hacia el Norte será más dura que la que nació hacia el Sur y la que del Norte va al Sur, será muy rica y conocerá las juntas de las piedras en la cabeza de los respaldos. Van inclinados al Sur y caminando al Norte. No será rica y se conocerá en las señales dichas porque las puntas irán inclinadas al Norte, de donde participan de mucha sequedad y serán duras y de poco provecho.

CAPITULO SEGUNDO
EN QUE SE DECLARA PORQUE LAS VETAS ENSANCHAN Y SE EXTRAVIAN Y LAS QUE SON PROFUNDAS O NO

Las vetas anchas, llaman los mineros de cabeza y no dicen mal si lo dicen con conocimiento de la cosa. Estas vetas de cabeza se comenzaron a criar en la superficie de la tierra y allí ensancharon; hay las de dos varas de ancho y en ellas albardones de dos y tres estados de alto. Suelen llevar metales ricos y en las cintas arrimadas a los respaldos y en el corazón de la veta hasta abajo, quince o veinte estados y siempre va angostando y suele llegar a tener en los treinta como en un filo de un cuchillo y siempre bajando de ley. Con esta mina no se arriesgue nadie a hacer hacienda porque se perderá y el que hallase veta de esta forma, mire si corre de Norte a Sur y si corre, busque veta por la cuadra del Oriente, que esta será rica y profunda, tome en ella mina y deje la ancha para el que la quisiere.

A otras vetas que nacen de arriba para abajo y otras al contrario y se suelen hallar cavando otras minas por alguna cuadra, empiezan de a plamo y van ensanchando hasta cuatro varas y llevan metal tierra. Son ricas por ser fáciles de trabajar y suelen tener a dos y tres onzas y en medio de la tierra, piedras sueltas que acuden a más de ocho marcos duran veinte estados o menos y acaban como comienzan y muchas veces acaban muy anchas dejando en el asiento una laja muy dura sin dejar guía en ella.

[1] Estado, medida que se solía regularse en siete pies.

La veta profunda, como se dijo en el principio, nace del fondo de la tierra y sube arriba y esta es la causa por qué adelgazándose hasta la superficie van a ocultar asi otras y pareciendo sobre la tierra angosta. Y como por diferentes paninos blandos se ensanchan, en el duro se estrechan y en estas estrechuras llaman algunos cañones alli suelen dar estas vetas profundas en mucha requeza. La causa es natural, porque en aquella dureza el metal aprieta por estar oprimido y no tiene lugar de vaporizar y deteniendo el tal vapor y ayudado de la humedad que engendran los luminares que cuajan la plata y se va extendiendo hacia abajo, repezcatada de la dureza que no la deja vaporizar y llegando este cañón a la anchura, hace este mismo efecto y es la anchura con el cañón el que sube arriba y se llama propiamente bolsón, lo uno por semejante a ello, lo otro porque suele sacar a su amo de pobreza para lo que desmayar de que la mina se angoste y vaya dura, que debajo de la dureza hay riqueza.

Estas vetas profundas siempre llevan en los respaldos cintas ricas que es metal de fundición de sebo.

Advierta el minero de ensayar estos respaldos: no deje la riqueza en ellos porque son minas de mucha estima y conocerá la veta profunda, en que ordinariamente tiene poca plata y todas estas vetas se deben seguir hasta los veinte estados, llevando las señales dichas para que la sequedad de la tierra tenga humedad, pues su generación no comenzó desde arriba sino desde abajo. Las vetas que están en tierras secas suelen por oquedad echar viento, que puesta una vela encendida por donde sale, la apagan y esta es la causa de que tengan menos ley.

CAPITULO TERCERO
EN QUE TRATA DE LAS VETAS QUE SE APARTAN EN RAMOS DE LA PRINCIPAL Y SI VUELVEN A JUNTARSE O NO

Las vetas son venas de la tierra y en ellas se engendran y crían muchas ramas de la forma de un árbol y todas éstas están asidas al tronco. Proceden unas más gruesas que otras y así mismo son las vetas de las minas corriendo y extendiéndose del tronco y procediendo unas más gruesas que otras y se extienden por diferentes rumbos y estas jamás se juntan y si alguna de estas ensanchan, tiene obligación el minero de seguirlas porque ordinariamente se lleva la virtud la principal, las que corren en igual distancia con la principal y se recuestan hacia ella y se juntan con la madre y si fuese recostada hacia fuera no se juntará.

Estas ramas se suelen juntar con otras y en las juntas que hicieren es cierto que será de mucha riqueza y ha sucedido haberse hallado por vista de ojos. Y advierta el minero veta que sea caudalosa y por la cuadra no lleva otra veta oculta e importa que la mina que labrase a los quince estados de socabón es cruz por cada respaldo ensanchado, seis varas por cada uno y descubrirá las vetas que van ocultas por las cuadras que se han dicho y estas son muy ricas y por experiencia se han hallado muchas riquezas y también importa para que la mina vaya bien labrada y los metales de plata se busquen y no queden ocultos por falta de conocimiento, que el guardamina sea muy práctico y conozca los metales que son de plata; entienda la labor de la mina que en esto consiste tener buen suceso el dueño de ella, que hay muchos presumidos sin este conocimiento ni experiencia y así se advierta el guardamina y no el dueño es quien disminuye o agota el caudal.

CAPITULO CUARTO
EN QUE SE DECLARA LOS COLORES DE LOS POLVILLOS DE PLATA Y SU BENEFICIO Y LAMMALETIA (IMPUREZA)

Si alguna tuviese los polvillos de su naturaleza vienen cubiertos con verde, azul obscuro o alimonado, este ordinariamente es rico porque tiene por quintal a treinta marcos y su beneficio es por cendradilla y si hay cincuenta libras de polvillos se ha de cebar en cinco veces a diez libras.

Muélese un poco de carbón de encina y se le echa para secar la greta, porque esponja y hace saltar el plomo al *temescuitale* y advierta el minero que echando en cinco veces las cincuenta libras sacará sesenta marcos de plata y todas juntas sacará cuarenta marcos porque se quema la plata y la destruye el azufre que tiene. El polvillo verde claro es de poca plata porque no cuaja este se ceba como el primero y no le eche más de cinco libras cada vez, porque tiene más azufre que el primero y se quemará todo aún a fuego manso. Esto se hará tirando el fuelle quedo y sacando el *temescuitale* con el cisco y esto se haga con todos los polvillos.

Los morados traen consigo cobre y son recios de derretir; échesele a cada diez libras de polvillo, quince de plomo y se ven parando el fuelle. Y acabando de echar el polvillo para limpiar el cobre, muelan un poco de vidrio y revuelto con el cisco se echará en la cendrada que luego se abrasará con el cobre y saldrá echo escoria.

Los azules *londres* son muy ricos y recios de derretir, porque tocan en fierro y es plata gruesa y no en hoja como los demás. Sufren más el fuego y se van por el mismo orden del primero y si hay una arroba se ven dos arrobas de plomo porque gasta mucho y limpia la cendrada.

Los polvillos negros son demasiadamente recios porque son antimoniosos. Sácase la plata por fundición, ligándose como metales secos. En esta forma hagan la revoltura; a cinco arrobas de polvillo, cinco de greta, tres de cendrada y si hubiese metal plomoso molido y lavado, le echen cuatro arrobas y todo revuelto y bien húmedo se cargue el horno, el cual será el que se dijese para fundir metales secos.

Los amarillos suelen tener oro, halláronlo por azogue, incorporándolo con agua simple dentro de seis días y repasearlo. Por maravilla tiene plata y si la tiene, se vé como los demás.

Los pardos tienen fierro y son recios de fundirse, se hace con ellos lo que con los negros con la misma liga y en el mismo orden.

CAPITULO QUINTO
EN QUE SE DECLARA QUE METALES SON RICOS DE PLATA, DE QUE COLOR HAN DE SER Y EL BENEFICIO QUE HAN DE TENER POR AZOGUE Y POR FUNDICION Y COMO HAN DE SER LOS HORNOS PARA FUNDIR Y LA LIGA QUE HAN DE LLEVAR

Hay unos metales negros, que en partiéndoles parecen haber un color requemado, como un pedazo de acero: llámanse entre los mineros, metal acerado. Este es rico y derechamente de fundición y no para azogue. Este metal se ha de moler limpio de la gurja que tuviese y muy molido; hase de echar a un quintal, ocho arrobas de greta y cuatro de cendrada, un quintal de metal plomoso molido y lavado y todo revuelto échase a fundir cargando el horno medio a medio, para que no cargue a la parte del alezíbri porque la engrasará.

El horno para este metal sea de cinco tercias de alto la boca un palmo y dos pulgadas y sea de carbonillo muy pisado y fuerte desde el reposadero a la puente. Esté muy derecho no caído hacia abajo, ni inclinado hacia arriba, que en esto está el secreto de fundir bien y en el cargar medio a medio y sin con esta liga fundiese demasiado, se le echará dos arrobas más de cendrada para que detenga o se le quitarán de la greta y el horno será cerrado.

Hay otros polvillos azules celestes *londres*: si la pinta de este es viva, será metal rico y más si trae alguna parda requemada. Es de fundición y se ha de ligar como el metal acerado y fundir en el mismo horno.

Los pardos requemados que llaman *tepuitetes*, suelen tener por la mayor parte fierro y suelen ser muy ricos sus beneficios; es para fundición en este mismo horno y échasele a cada revoltura, media batea de *temescuitate* y la liga que a los demás.

El metal que tuviese pintas azules londres amortiguadas, es para azogue.

Hay otro metal de guija blanca y si es más la guija que la pinta, son buenos para azogue y si es todo cuajado, se puede fundir como los demás y si no, se beneficiará por azogue muy molido y cernido reverberándolo primero en piedra y estará más dispuesto para recibir el azogue. Después de molido se haga un ensaye de cinco quintales: los dos y medio sin magistral y los dos y medio con el que sea fuerte, echando a cada quintal, tres libras de él. El cual se echará en esta forma: Una batea de metal cobrizo, otra de sal de la mar; el metal cobrizo molido y cernido y la sal. Incorporado uno con otro, se haga lodo y del lodo una bolas como naranjas grandes y que se resequen muy bien después de secas se haga un hoyo en el suelo era de hortelano de una vara de hondo y llenar aquel vacío de boñiga y sobre ella una capa de aquellas bolas, de un geme de alto, otra capa de boñiga de media vara y de esta manera se vayan subiendo piramidalmente y denle fuego hasta que el magistral se derrita como escoria de fierro y si lo quisieren hacer más fuerte, quítesele la mitad de la sal que, ensayados los metales, ellos pedirán la que hubieren menester.

Los metales tierra no necesitan de magistral de cualquier género que sean, porque no son fríos como los guijosos que tienen entre sí más calor y el gabazo es agua cuajada que va por la capa de la mina. Los repasos del metal sean a tiempo: el primero a los cuatro días, que en este tiempo habrá formado la mitad de la plata y que repose otros cuatro porque si le dan los repasos a menudo, se cortará el azogue y no tomará la plata y luego le echarán la culpa al metal; advirtiendo que unos quieren la sal muy fuerte y otros no, y para lavarlo es preciso que el minero vaya experimentando cada color de metal que de la mina saliere, haciendo primero ensayes para saber el beneficio que ha menester y el que no lo hiciere, jamás será minero sin esta prevención.

Y hay muchos que con un solo beneficio, que es el que saben, quieren ensayarlos todos, de que nace perderse los dueños.

CAPITULO SEXTO
EN QUE SE TRATA DE LA VETA PLOMOSA Y DE SU CALIDAD Y DE LOS QUE SON MANTOS PROFUNDOS Y LOS QUE NO LO SON; DEL MODO DE SU BENEFICIO Y EN QUE HORNO SE HAN DE FUNDIR

Los metales plomosos son por su calidad fríos y así se ve por experiencia que encima de donde participan calor son ricos y en bajando al centro, que gozan de humedad, son pobres, haciendo en elllos más plomo que plata. Estos suelen ir en balsas y entre ellos hay algunos sueltos entre la tierra que son ricos de cebo para beneficiarlos. Se ha de hacer en vaso de una vara en redondo con su buytron y allí se ha de ir cebando. Y advierto que si hay diez quintales, no se deben más que cinco y saquen la plata de ellos y luego los otros; porque la plata de estos es tan dócil que la consume el fuego, los que fuesen bolsones son mantos profundos como se ha visto en las minas de San Luis [Potosi] y son muy durables.

Hay otros mantos que se extienden encima de la tierra y ensanchan sesenta varas, estas no bajan abajo más que un estado poco más y por seguirlas se han perdido muchos por mostrarles sobre la tierra alguna platilla cuyo error hace de falta de conocimiento.

Hay vetas plomosas profundas que corren de Oriente a Poniente y son más ricas que las que corren de Norte a Sur, principalmente si van echados, la cabeza al Norte y la cola al Sur porque tienen mucho plomo y poca plata. No son vetas de consideración sino es ayudados de metales ricos, con que se revuelven su conocimiento. De esta veta está dicho en la veta profunda.

Su beneficio de estos metales es por fundición en hornos castellanos de cuatro palmos de alto y un geme de cuadro en el reposadero que se ha de hacer de carboncillo muy pisado. El del reposadero, a la puente, tenga un geme de alto y el alcribiris se apunte tres dedos encima de la puente, derecho que no se incline ni abajo ni arriba; a la boca del cargadero tenga media vara, cargue el fundidor medio a medio porque el alcribis no baje ni vaya ni venga ni salga más ancho de una parte que de otra y seguido desde abajo hasta arriba. El ancho que ha de llevar lo mimo, porque hay algunos metales plomosos que pierden liga.

Para estos se haga horno diferente que sea de cinco de alto y siete pulgadas de ancho en cuadro y en el reposadero otras siete pulgadas, abierto de boca del plan a la puente el alcribis lo apunte cuatro dedos encima de la puente derecho como está dicho. La boca del cargadero tenga en cuadro una tercia.

Hase de ligar este metal en esta forma: El metal que gana liga se ha de fundir echándole a tres quintales, seis arrobas de greta, otras seis de cendrada porque le detenga y se funda y si fuere menester deslamarlo y si no, sea como saliere de la mina siendo metal tierra y si fuese piedra se muela y se revuelva con el metal tierra y todo se deslame si fuere menester, guárdese las lamas. Al metal seco se le echan a seis arrobas, cuatro de greta y tres de cendrada. Todo revuelto y mojado, se funda y que sean cerrados los cañones de los hornos, sean de buena tierra de barrizal, no de arena que no sirve. Cernidos los metales se seben como se ha dicho. El metal molido ha de quedar en granos como garbanzos y si tuvieren lamas, se fundan, lavándose primero y revolviéndolos con los metales de fundición, no se pierda que tienen mucha plata. Ordinariamente, así estos metales plomosos como los metales secos, son muy ricos y sigan este orden si quieren acertar y tener provecho de ellos.

CAPITULO SIETE
EN QUE SE DECLARA LAS MUDANZAS QUE HACEN LAS VETAS Y LO QUE EL MINERO EXPERTO DEBE HACER

En muchas minas que mineros cuidan se ha experimentado que al labrar, las hallan por la experiencia que ha sucedido, mudar color los metales y siendo ricos, bajan de ley. No por eso ha de desmayar el minero en esta mudanza, pues se ha visto que mina que encima de tierra comenzó en razonable ley y la veta angosta respaldada de caliche y lo demás que requiere una rica mina y que caminando de esta manera, hasta treinta estados, llevando por vecinas arrimadas otras vetas o listillas a la veta de tres o cuatro dedos, a los tres estados se juntaron con la veta y ensanchan una vara, no llevando en el principio mas que media y en la junta dió muestras de plata de polvillo, que de la punta se sacan seis marcos por quintal y mudó de color el *tepetate* y el metal que al principio era caliche blanco y en la junta fué amarillo. El metal lo mismo y de la misma manera, fué tres estados donde pareció un hilo de *tepetate* blanco arenisco de grosor de un hilo de acarreto en medio de la veta el cual fué ensanchando y apartando y partiendo la veta doce palmos.

Este tepetate duro, tenía dos listas de éstas y los respaldos eran lo mismo, sin oro ni plata al cabo de los respaldos. Debajo del tepetate blanco enmedio de la veta, pareció un tepetate negro, pesado y macizo que, ensanchando catorce palmos, siempre apartados de la veta, perdiendo cada uno por su parte. En est *tepetate* tenía mucha plata virgen de esta forma, que moliéndolo se abollaba como plomo y hubo pedazo de cuatro reales. Y duró tres estados este tepetate, los respaldos de esta veta, el de Oriente era colorado y el de Poniente pardo requemado sin plata ninguna y al cabo de los tres estados, dió debajo del tepetate negro, otro amarillo y los metales también amarillos sin punta de plata. También hubo veta de tepetate que duró hasta cinco estados y al fin de ellos dió la veta con un tepetate negro por respaldo de las vetas y el metal fué azul *londres* que tenía a quince marcos y de allí abajo nunca perdió la plata porque duró este metal tres y cuatro estados y luego mudó en metal de azongue de cuatro onzas. Esta mina se labró sesenta estados y al cabo de ellos dió muy ricos y poderosos metales, sin llevar humedad porque era la tierra alta, la veta se partió y nunca se juntó y fué menester labrarla por donde iba llevando, cada veta su labor. Fueron ambas ricas y el dueño murió y los sucesores, porque el plan iba duro, derribaron los metales de los pilares y se hundió media mina y con todo esto, se fué labrando y dió mucha riqueza. Este ejemplar nos alumbra para que no se desanimen en la mudanza de los metales.

También se ha visto que los metales de muy poca ley, mal molidos y cernidos, rinden más plata que el metal molido sin cernir, porque todo metal gransonado en lo que sirve para azogue, o no da plata, porque es infalible que todo metal piedra tiene plata virgen y por tan menuda no se ve, lo cual no se le esconde al azogue y cuando sea como una punta de aguja, es fuerza pegarse a ella cinco puntas de azogue, las cuales no se pueden quitar de allí y se van con el xaltzontle y de esto en la pérdida que el azogue tiene. (sic)

Y según esto, en virtud se aconseja que ningún minero incorpore metal que no vaya bien molido y cernido y sacará más plata que el que incorporarse sin cernir, lo cual quieren algunos ignorantes ejecutarlo diciendo que es metal de poca ley y no quieren ocupar un hombre en reconocer lo cernido. El cedazo que sea bien tupido que por no dar dos o tres pesos más por un cedazo pierde mucha plata.

También traerán dos barras haciendo catas para descubrir metales, no esté atenido a sola una mina porque si se acaba por falta de metal o mucha agua o porque se hundió por mal labrada, queda arruinado sin tener metales ni otra mina que beneficiar.

CAPITULO OCTAVO
DE LOS METALES QUE SE BENEFICIAN POR AZOGUE, SUS CLAIDADES, BENEFICIOS Y MAGISTRALES NECESARIOS

Echase para que den la ley con brevedad sin pérdida de azogue como consta de experiencia lo siguiente:

Si es gabazo que de suyo es frió, magistral caliente que será de metal cobrizo, echándole la quinta parte de sal a cada quintal cobrizo, como se dijo en el capítulo séptimo: a cada montón de treinta quintales, batea y media de magistral y se irá tentando que el azogue pedirá más o menos. La ceniza que se tuviere en esta revoltura, será blanca como albayalde.

El metal tierra y gabazo pardo es de naturaleza cálido: ha menester el magistral frío. Este será de dos maneras: tome el azoguero gransas de fundición y molidas y cernidas muy bien, eche al montón de treinta quintales, dos bateas poco más o menos, que si más fuese menester el azogue lo pedirá, estará la ceniza fraylezca. Si fuere este metal demasiadamente caliente, tome veinte libras de plomo y derrítase en una olla y depués de bien derretido se han de echar con ello otras veinte libras de azogue y revolverlo muy bien para que se deshaga y quitado del fuego queda como pella. Eche de este, en cada treinta quintales, diez libras y el azogue con que se ha de revolver haciendo primero uno chico para reconocer si es menester más o menos de este magistral y cuando revoltiere, incorporáre este azogue con el metal, no sea con paño sino con la mano, porque como el magistral es de cuerpo, se quedará hecho pella en el paño. Usese, que es un magistral admirable para metales muy calientes, que de esta forma el minero beneficiará sus metales a toda ley.

CAPITULO NONO
DEMUESTRASE COMO SE HA DE LABRAR UNA MINA PARA QUE LA LABOR SEA SEGURA Y FIJA

Muchas veces acontece en las minas muy grandes, desgracias de hundirse por ir mal labradas y matan la gente que las está trabajando y esto sucede por descuido del guardamina que no visita los pilares si los indios los han cavado o desfaquecido como lo hacen si no se tiene cuidado con esto que tanto importa y sucede o por descuido o ignorancia de la labor que ha de llevar y dejar los pilares que fueren menester para que la mina quede fuerte y asegurada. Es cierto que ningún oficio requiere más particular examen que el que fuere guardamina y que teniendo la forma en que hayan de ir las labores, pues están a su cargo tantas almas, hay muchos que lo presumen y pocos que lo saben y son causa de que una mina se caiga o se hunda y queden los dueños perdidos, gastando en limpiar, más de lo que sacaron de ella.

Para lo cual se pondrán cuatro formas de labores, aplicando cada una la suya si fuere dura o blanda, advirtiendo no se fíen los dueños de hombres que sólo de voces trabajan y en llegando la ejecución lo yerran, sino quien sea práctico y experimentado en ello.

La primera cata se ha de dar de varas en cuadro como lo manda la Real Ordenanza. Esta habiéndose de labrar se ahonde a pique cuatro estados y si la veta corriese de Norte a Sur, déjese la veta arrimada a respaldo, donde va echado si fuese blando, además lo aflijen siempre en respaldos duros y los respaldos sean en respaldos blandos y sea de vigas fuertes ensambladas por las cabezas y clavadas con clavos gruesos y en la parte del respaldo que quedare vacío se hiciere agujero, se macize con tepetate bien prensado, como quien hace pisar tierra; porque de otra manera qudará falso. Da dos socabones, uno al Norte y otro al Sur, se mida del bordo de la cata hacia la cata del Norte siete brasas, dejando encima de ella el grueso del pilar y arrimado al frontón se haga un pozo a pique, de cuatro estados ni más ni menos; otro hacia la parte del Sur del mismo honor y queda el primer pilar de catorce varas que estando los dos pozos hechos de cuatro estados, en cada uno se echen dos barras enteras, una que camine al Norte y otra al Sur y taladrarán el pilar de arriba. Si la mina fuese dura y la veta no muy ancha, debajo del pilar frontero de la boca de arriba, que vaya a pique, se hará otro pozo de cuatro estados y será para echar *malacates*. No haga más que taladrar el pilar de arriba e irán los pozos derechos para el efecto del *malacate*. En el segundo plan se mida desde el bordo del pozo que cae a la parte del Norte nueve varas y lo mismo en el del Sur y haciendo dos pozos en cada frontón del hoyo, váyanse a pique tres estados y por esta orden sigan la labor dando los pozos de tres estados para abajo, tres varas de largo y una y media de ancho [que] dando los pozos debajo de los pilares y que todos queden en nueve varas de largo para que de esta manera quede la mina fija y no le duela al minero dejar en el pilar, metal de a cien marcos, que aforzandos de tablas estarán seguros y si la mina durare treinta años, habrá otro tanto que sacar en los pilares cuando suceda a más no poder aparovecharse de ello, comenzando a derribar desde abajo, porque es más seguro que no arriba y esto es, faltando metal a la mina.

La primera plata: puesta muy clara la labor de los frontones vayan de dos varas de alto y una y media de ancho, haciéndolos en esto a manera de bóveda tendrá más fortaleza y los pilares vayan algedresados. Esto es para mina dura y [que] va derecha, aunque es también para la dura y recostada, advirtiendo que el primero y segundo pilar son los que fortalecen la mina.

Y porque en algunas partes se acostumbra dar fuego a mina dura, entendiendo el minero que el calor de esta mina entrando la gente, quedan muertos, porque el calor les quita el resuello y los ahoga; dese por avisado que cuando se diese fuego a una veta no se entre en ella hasta pasados seis días y cuando entrase lleve una vela encendida y atado el cuerpo y los que fueren con él, vayan desviados una pica, llevando el delantero el brazo levantado con la candela, huyendo el brazo del cuerpo todo lo que pudiere y si el calor apagare la candela, no pasen adelante, que corren riesgo hasta quedar todo esto apagado.

CAPITULO DECIMO
EN QUE SE DICE SER EL MAGISTRAL EL PRINCIPAL REMEDIO PARA EL BENEFICIO DE LOS METALES

Estos magistrales se han de hacer de metales cobrizos que suelen ser unos de poca ley y otros de mucha y no salen a propósito, como algunos metales de plata si fuere el cobrizo de poca ley. Para hacer buen magistral se tome de él, diez quintales, muélanlo, ciérnanlo y echen otros diez quintales de estiércol de cabra y media fanega de sal e incorpórese todo; amásese con agua háganse bollos y quémese como se dijo en el captíulo siete y beneficien cualquier metal y si el estiércol de cabra faltase, echen en su lugar, diez quintales de estiércol de caballo y si hubiese boñiga de res vacuna, échese mitad y mitad y si no hubiere bastante, échese a tercias partes de las tres especies y si fuere mucho más que de a dos quintales de cada estiércol de los tres que salen, dé a dos arrobas diez arrobas por cada quinta y su media fanega de sal y háganse bollos y quémese. Si acaso no se hallare metal cobrizo para poderlo hacer, buscar barrilla de la que se hace el vidrio, muélase con otro tanto de tequesquite un poco de estiércol de caballo o cabras y échase el tercio de sal, hágase bollos y benefíciese con ellos. Que, dándole el punto a este magistral, verán sacar la plata y traer a los azogues limpios sin pérdida de ellos como la tienen muchos por falta de este conocimiento.

Si no se hallase barrilla, tomen tres quintales de metal beneficiado después de lavado que llaman *xalsontles,* muélase y échese dos tantos del estiércol dicho y dos cántaros de orines con media fanega de sal; hágase bollos y no se le eche agua dulce al tiempo de beneficiar en ellos y sacarán la plata y el azoque muy limpio, cuyo beneficio es muy seguro y experimentado.

Si se hallasen metales que tengan alcaparrosa, se puede hacer magistral con ellos, muy bueno, porque es caliente y a diez quintales molidos y cernidos y se le echen otros diez de estiércol y su media fanega de sal. Mixtúrese y amásese con sal nueva y hágase bollos y quémese y al beneficiar con ellos no lo echen sino al segundo repaso y con cuidado, sin dejarlo ahogar, que de golpe tomarán toda la plata y vaya tentando el montón con la jicarilla, para ver el azoque de qué manera está, porque en empezando a deschacerse, ha de labrarse sin detención alguna, porque habrá pérdida de azoque

CAPITULO UNDECIMO
EN QUE SE EXPLICA SI LOS METALES MUY FRIOS ESTAN CON EL PUNTO QUE REQUIEREN ASI DE SAL COMO MAGISTRAL O SI LE FALTA O ESTA CARGADO

Muchas veces, por no tener experiencia, échanle poca sal a montón incorporándolo. Para saber si está falto, se lavará un poco en la jícara y se hallará que el azogue está blando y desecho y granujiento y si hiciere como gusanillo largo y la color amortiguada, está falto de sal; échesele un barrilillo y volverlo a repasar y tentarlo y si hallase que el azogue ha vuelto en sí, juntándose y tomando color azul o celeste y si a este montón falto de sal se le hubiere echado algún magistral, dentro de media hora del repaso se verá el azogue negro y grasiento y si el magistral fuere de sólo metal cobrizo, estará el azogue como una telilla dorada y otro día de color de candelero. Echesele un barril de sal molida y désele repaso que luego de golpe tomará la plata y si es metal rico, mostrará el azogue en una telilla negra, deslavada, encima.

Si estuviese cargado de sal, se conocerá lavando un poco; deslamando el azoque, levantará como una ceniza grasienta, parduzca como lama de lodo y en apurándola se verá tener el azogue mucho sarro y parecerá estaño lleno de ceniza. Repasen el montón con mucha agua deulce, de suerte que quede bien bañado y el repaso sea poco y muy lento y déjese estar hasta el tercer día y luego se vuelva a separar, con más agua, que la frialdad del agua irá consumiendo el calor de la sal demasiado y juntará el azogue y sacará la plata.

Si quisiere conocer le sobra o falta magistral, en estando prieto o granujiento como manteca quemada, está cargado y seco y será con más evidencia si, apretando el azogue con el pulgar en la jícara, levántase ceja como de humo encima del agua y para descargarlo cuando no estuviere mucho, se le echará una batea de ceniza y se respasará con el agua de ella el polvo, hasta que esté bien bañado y dejándolo un dia y al siguiente volver a repasarlo y de esta forma la plata reducirá el azogue sin pérdida.

Y si estuviese muy cargado, échesele dos bateas de cal al montón en polvo y repáselo con agua de cal y déjese bien bañado de aquella agua y tenga cuidado de irlo tentando, que muy en breve se irá resucitando el azogue a su estado y ser y reducido, lávese luego y se sacará la plata con poca pérdida porque si lo dejan estar así, aunque lo sientan estar reducido, tendrá mucha pérdida de plata y azoque.

Esto será cuando el minero esté de prisa para sacar la plata, que si no, tome diez quintales y a cada parte le eche otras cinco del mismo metal en polvo y si tenía el montón, diez libras de azogue, eche en cada uno cinco labras y así quedará cada montón entero, de diez quintales diez libras de azogue. Repásese con agua dulce solamente que además de resucitarse el azogue a su sér y bondad, recogerá la plata sin pérdida y este es el modo que ha de tener en descargar los metales, así de sal como de magistral. Porque hay algunos metales que tardan en dar la ley, muchos días, queriendo abreviar el tiempo, supuesto que los magistrales se ordenaron para este remedio, así incorporarán un respaldo que se venga de golpe, recogiendo plata y azogue para poderlos lavar.

Echen los montones en salmuera fuerte y déjenlos ocho días, que la sal nueva los dispondrá y castrará y después, disponer su azogue e incorporar y póngalos en punto de magistral, que al primer repaso tomará la plata de golpe y podrá lavar casi sin pérdida de azogue, teniendo cuidado de no cargarlos de magistral y si lo hubiere hecho sin advertir, ocurra luego al remedio dicho porque está en todo esto el sacar la plata sin pérdida de ella, porque en poner los metales en su punto (que no estén faltos ni cargados de sal ni magistral) consiste todo. Y después de incorporados, lave un poco en la jícara y estando el azogue blanquizco y desecho quiere sal y si está de color azul claro reluciente y la ceniza que hace enmedio negra como un espejo, estará bueno y hasta verlo así no le eche magistral, que con un poco que se le eche se pondrá en punto y para conocerlo, si tiene el que necesita, que es lo más necesario para abreviar el tiempo y que dé la ley sin pérdida de azogue del incorporo; se tentará con la jícara y si el azogue tuviese una telilla parda como tafetán y algo sarnosa, estará en punto de magistral y si la lú la hubiese del mismo color: si la lú estuviere blanca, no estará bueno y si tirase a negro, estará cargado y así se ha de mirar en todos los metales de beneficio de azogue para que queden en punto uno y otro quedando siempre la telilla sobre el azogue, parda y algo sarnosa y estando así se esprimirá y hallará el cuarto de plata recogida que con dos repasos del montón se hallará con toda la plata sin pérdida y lo podrá labrar.

También se suelen ofrecer metales tan lamosos que echándoles la salmuera se ponen tan empedernidos que el azoque no los puede penetrar y en dando con una mina de este género, los mineros la dejan y desamparan por no conocer que debajo de aquel engaño hay requeza y el beneficio de la lama que (suele tener dos o tres onzas de plata) se ha de beneficiar en esta forma sin que desmaye el minero aunque la mina las mantenga hasta los diez estados.

A diez quintales de metal lamoso, eche diez de xalsontle quemado y molido, porque así hace deshacer la lama y da lugar a que con suavidad lo penetre el azogue y ponga en punto de sal y magistral y sacará la plata que tuviere como en los demás metales dóciles y si el azogue mostrase reseco deshecho, tomarán cuatro bateas de carbón molido y cernido e incorpórese con el metal y dejará el engaño y quedará la lama y metal tan bueno que se verificará muy a punto y el azogue volverá entero, sin pérdida y en estando los montones bien dispuestos y en término de lavarlos se tendrá hecha una pila grande en un rincón del lavadero, redonda a manero de cubo, bien encalanda con el suelo cóncavo, como una cendrada, para que allí se lo cojan los azogues. Hácenles sus desaguaderos uno en plan y otro en medio con sus bitoques bien ajustados y en esta pila se echará el montón que se hubiere de lavar llenándola de agua dulce y con los pies vayan deshaciendo el metal y en estando bien deshecho lo dejen allí un día entero, para que allí se refresque con aquella agua y se junte el azogue con el plan de la pila y de esto resultará no perderse azogue ni la plata que tuviese, como sucede en los demás lavaderos.

Cuatro puntos tiene el azoque: a saber de obligación sin los cuales nada acertaría el azoguero; el primero el conocemiento de poner en punto el metal con la sal y magistral, el segundo saber reberverar los metales que pidieren este beneficio, el tercero saber lavar los metales, no echándolos sin deshacer en la tina, porque en estos ha de tener mucho cuidado sin fiarlo de otro, porque se irá al deslamarlo, el cuarto, saber desahogar las pellas, que es punto de mucho conocimiento en que entra la legalidad, buena conciencia y demás que se dirá, advirtiendo que hay muchos presumidos de azoquero que ignorando estas calidades, echan la culpa al metal y pierden a los dueños.

CAPITULO DUODECIMO
ADVERTENCIAS SOME LOS METALES DE MALETIAS PARA LA FACILIDAD DEL BENEFICIO

Primeramente se sabrá que estos metales se engendran debajo de la superficie de la tierra hasta diez estados y luego con la humedad, van perdiendo la maletía y mejorándose. Los que con la plata tienen plomo, azufre y alcaparrosa se benefician por fundición con estaño, fierro, plomo, azufre y alcaparrosa. Si son antimoniosos, por azoque, con alcaparrosa oro pimente, esmeril, cardenillo y otros por azogue.

Tiene de quemar en piedra que es reberverar y si tienen por mejor echarles magistral, se verá si el azogue está deshecho y cuando se reberverare, se ha de observar tenerlo al fuego hasta que la llama salga colorada después se dejan enfriar, se les echa salmuera y un poco de azogue.

Los metales cobrizos guijosos son buenos, mas si tuvieren alcaparrosa se incorporen con agua dulce y dejarlos seis días sin echarles azogue. Repásenlos con otra agua y échenles azogue y si tentando los tuviese el azogue entero, se le eche media jicarilla de sal y lo repasen con agua dulce y tentarlo para echarle más azogue si necesario fuese hasta que vaya tomando la plata y en empezando se le den los repasos necesarios y se incorpore con agua dulce

ADVERTENCIA DEL P. KIRQUEIRO

Para consumir todo género de maletía: se han de quemar los

metales en una hornilla con su reja enmedio y hoguera abajo y puestos en él, échese leña arriba y abajo. Se han de quemar hasta que pierdan el hedor y la llama esté de color natural, porque el betún y azufre en la fundición, por la actividad del fuego, calcinan la plata y el fuego no tan graduado consume estos jugos minerales y deja el metal limpio para recibir cualquier beneficio. Se funden sin riesgo porque estas maletías entrompan el horno, conglutinan y vitrifican la grasa.

MODO DE SACAR EL ORO DE LA PIEDRA LAPIZLAZULI POR AZOGUE

Muele dicha piedra en polvo suptil y lávalo muy bien, échale bastante azogue de modo que nade en él y el oro que hubiese cogido el azogue, irá al fondo. Saca el azogue y exprímelo por gamuza y quedará en ella el oro.

Por fuego: quema dicha piedra por fuego lento en horno abierto hasta que vaporice toda la humedad y sacado de allí, muélelo y redúcelo a polvo.

La pella de plata con azoque es remedio eficaz para las almorranas.

Las platas más blancas tienen más ley porque las coloradas y doradas no la tienen por la ocasión del calor que consume la plata, los cobrizos y plomosos tienen también ley de plata en más cantidad y se componen del azufre blanco o rojo, impuro de sal arsenical y muy poco mercurio y son arenosos.

El modo de beneficio es por fuego, molidos y lavar el polvo muchas veces con agua dulce y quitada la lamilla, quitarle el agua y dejarlo asentar y depués que esté una noche, aguel polvillo, en agua de tequesquite o en agua de salitre, cebarlo sobre el polvo en cendrada. Para reconocer de qué maletía abunda el metal, se muele un poco y el polvo se echa en agua caliente, menéase y déjese asentar un poco.

Echase agua clara en dicho vaso con tiento y por el gusto probándola, dirá la maletía que tiene, si es alcaparrosa queda áspero, pero para conocerlo mejor, se echa el agua en una borcelana vidriada, se pone al fuego para consumir el agua y en el asiento queda lo que es. Para vencerla lávese el metal, dejando asentar el agua hasta que salga dulce o hasta que, meneada con vara de fierro, no salga de color de cobre y queda para el beneficio del azogue. El azufre o antimonio se coje un poco y se echa en una olla sin vidriar con agujeros abajo y

94

dentro de la tierra, otro con agua y a las de arriba taparles la boca, como quien desasoga, quedando dentro el metal y darle fuego hasta que salga más y en el agua se verá el azufre o antimonio. Los que abundan de margalita se queman hasta que pierden el resplandor, porque es maletía que se trata por fundición en trompa el horno y entrampa el baño por la copia de azufre impuro que tiene. La alcaparrosa es el mayor enemigo del azogue porque lo deshace y ayuda con la sal es más activo.

DEL BENEFICIO DEL TINTIN

Este en poca cantidad se hace en mortero de piedra con una mano de fierro y por mayor, con una vastra de moler xaltsontles y grasas.